ISBN 978-3-7091-5667-4  ISBN 978-3-7091-5717-6 (eBook)
DOI 10.1007/978-3-7091-5717-6

# SCHEMATISCHE GEWITTERFELDER

VON

EGON VON SCHWEIDLER

ORDENTL. MITGLIED D. AKAD. D. WISS.

(MIT 14 TEXTFIGUREN UND 6 TAFELN)

VORGELEGT IN DER SITZUNG AM 6. MAI 1943.

## 1. Einleitung.

Noch immer sind die Anschauungen über den Mechanismus der Erzeugung elektrischer Ladungen in Gewitterwolken geteilt und verschiedene, an sich physikalisch gut begründbare Theorien stehen einander gegenüber. Je nach der Grundannahme über die Natur des gewitterbildenden Prozesses gelangt man dann auch zu verschiedenen Formen der räumlichen Verteilung dieser Ladungen in der Gewitterwolke. Es kann daher die empirische Feststellung der tatsächlichen Verteilung einen Hinweis bilden, ob die zugrunde gelegten Voraussetzungen einer Theorie richtig oder falsch sind, bzw. — da ja wahrscheinlich keine der aufgestellten Theorien allein gültig sein dürfte — in welchem Maße die verschiedenen angenommenen Grundprozesse je nach den Umständen (z. B. bei verschiedenen Gewittertypen) beteiligt sind.

Bisher haben aber auch die Versuche einer empirischen Ermittlung der Ladungsverteilung noch keine eindeutigen Ergebnisse geliefert. Im wesentlichen stehen drei Methoden zur Beantwortung dieser Frage zur Verfügung: 1. Bestimmung des elektrischen Feldes am Boden nach Vorzeichen und Größe; 2. Messung der sprungweisen Änderung des elektrischen Feldes am Boden bei Blitzentladungen; 3. Bestimmung des elektrischen Feldes in der Gewitterwolke selbst nach Vorzeichen und wenigstens Größenordnung mittels Registrierapparaten in hochgelassenen Ballonen (Simpson und Scrase).

Beobachtungen nach Methode 1 gehen ja bis in die Zeiten Franklins zurück, haben aber im allgemeinen sehr wechselnde und unregelmäßige Ergebnisse geliefert. Immerhin liegen schon solche vor, die Mittel- und Höchstwerte der Bodenfeldstärke größenordnungsmäßig erkennen lassen (Norinder, Matthias) oder die Häufigkeit des Vorzeichens statistisch erfassen (Matthias, Krestan).

Die Methode 2 erfordert zur richtigen Deutung ihrer Ergebnisse, daß auch Anfang und Ende der Blitzbahn (Blitz in der Wolke, von der Wolke zur Erde, von der Oberseite der Wolke aufwärts) sowie ihre Entfernung bekannt seien, was sich oft nur schwer feststellen läßt, so daß häufig keine eindeutige Beantwortung der gestellten Frage möglich ist.

Die Methode 3 ist den beiden anderen in der unmittelbaren Deutbarkeit überlegen, hat aber den Nachteil, daß sie — abgesehen von den höheren Anforderungen an die Technik des Versuches — das Vorzeichen des Feldes in verschiedenen Höhen nicht für den gleichen Zeitpunkt, sondern über die Aufstiegszeit des Ballons verteilt angibt, so daß inzwischen eingetretene Ausgleichsvorgänge durch Blitzentladungen, Neubildung von Ladungen, Niederschläge das Bild der momentanen Feldverteilung wesentlich stören können.

Die Unvollkommenheit der beiden erstgenannten Methoden beruht zum großen Teil darauf, daß erstens die Beobachtungen in der Regel nur an einem Punkte oder an einigen wenigen erfolgen, zweitens, daß bei ihrer Deutung von allzusehr vereinfachten Annahmen über die Ladungsverteilung ausgegangen wird, z. B. Annahme von vertikal übereinanderliegenden Raumladungsgebieten von annähernd Kugelform, entsprechend den positiv oder negativ polaren Wolken des Wilson- oder Simpson-Typus.

Wesentlich zuverlässigere Ergebnisse sind zu erwarten, wenn in einem genügend dichten Netz von Beobachtungspunkten der zeitliche Verlauf der Feldstärke und die Feldsprünge bei Blitzen während eines Gewitters beobachtet werden und wenn der Vergleich der beobachteten Werte mit theoretisch berechneten geschieht, in denen auch kompliziertere Formen der Ladungsverteilung angenommen sind.

Der Zweck der vorliegenden Arbeit ist es nun, als Vorarbeit für solche Untersuchungen das rein elektrostatische Problem zu behandeln: Darstellung des Feldes am Boden bei verschiedenen, natürlich immer noch stark schematisierten Formen der Ladungsverteilung, wobei aber verschiedene Höhenlagen und Größenverhältnisse der positiven und negativen Ladungen, seitliche Verschiebung aus der Vertikalen, neben Kugelform auch schichtartige Anordnung angenommen werden und endlich der nicht zu unterschätzende, aber bisher wenig beachtete Einfluß der höheren, besser leitenden Schichten der Atmosphäre berücksichtigt wird. Einige typische Formen des Feldes werden zahlenmäßig berechnet, für andere die Berechnung durch Tabellen für die dabei auftretenden Funktionen erleichtert. Natürlich sind der Systematik halber auch längst bekannte Sätze in die Darstellung mitaufgenommen.

## 2. Eine punkt(kugel)förmige Ladung.

Den Ausgangspunkt für alle weiteren Berechnungen bildet der triviale Fall, daß nur eine punktförmige Ladung $Q$ in der Höhe $h$ über dem — als eben vorausgesetzten — Boden vorhanden sei. Natürlich können Raumladungen, die zentrisch-symmetrisch eine Kugel vom Radius $a < h$ erfüllen, für das Feld außerhalb der Kugel durch eine solche Punktladung ersetzt werden.

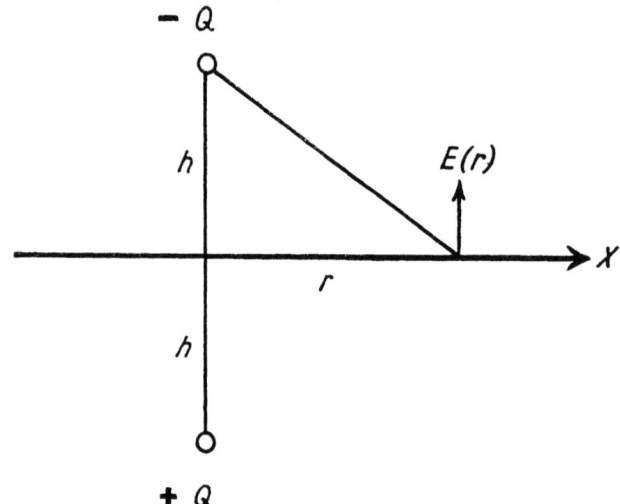

Fig. 1.

Es wird hier und im folgenden immer die Feldstärke $E$ (nicht der Potentialgradient entgegengesetzten Vorzeichens) verwendet und diese, wenn aufwärts gerichtet, positiv gezählt, so daß ihr Vorzeichen mit dem der Flächendichte $\sigma$ am Boden übereinstimmt.

Eine negative Ladung $-Q$ in der Höhe $h$ erzeugt zusammen mit ihrem „elektrischen Bild" $+Q$ in der Tiefe $h$ unter dem Boden im Fußpunkte das aufwärts gerichtete Feld $E(0) =$

Tabelle 1.

| $\xi$ | $f(\xi)$ | $\xi$ | $f(\xi)$ | $\xi$ | $f(\xi)$ | $\xi$ | $f(\xi)$ | $\xi$ | $f(\xi)$ |
|---|---|---|---|---|---|---|---|---|---|
| 0 | 1·000 | 1·30 | 0·2267 | 13 | 451·10⁻⁶ | $\sqrt{82}$ | 132·10⁻⁵ | $2/9$ | 0·9302 |
| 0·01 | 0·9998 | 1·35 | 0·2109 | 14 | 362·10⁻⁶ | $\sqrt{85}$ | 125·10⁻⁵ | $2/11$ | 0·9523 |
| 0·02 | 0·9994 | 1·40 | 0·1965 | 15 | 294·10⁻⁶ | $\sqrt{89}$ | 117·10⁻⁵ | $2/13$ | 0·9655 |
| 0·03 | 0·9986 | 1·45 | 0·1830 | 16 | 243·10⁻⁶ | $\sqrt{90}$ | 115·10⁻⁵ | $2/15$ | 0·9739 |
| 0·04 | 0·9976 | 1·50 | 0·1707 | 18 | 171·10⁻⁶ | $\sqrt{97}$ | 103·10⁻⁵ | $2/17$ | 0·9797 |
| 0·05 | 0·9963 | 1·60 | 0·1489 | 20 | 125·10⁻⁶ | $\sqrt{98}$ | 102·10⁻⁵ | $2/19$ | 0·9836 |
| 0·06 | 0·9946 | 1·70 | 0·1303 | 24 | 72·10⁻⁶ | $\sqrt{101}$ | 971·10⁻⁶ | $2/21$ | 0·9865 |
| 0·07 | 0·9927 | 1·80 | 0·1145 | 25 | 64·10⁻⁶ | $\sqrt{104}$ | 929·10⁻⁶ | $2/23$ | 0·9887 |
| 0·08 | 0·9905 | 1·90 | 0·1010 | 30 | 37·10⁻⁶ | $\sqrt{106}$ | 904·10⁻⁶ | $2/25$ | 0·9905 |
| 0·09 | 0·9880 | 2·0 | 0·0894 | 35 | 23·10⁻⁶ | $\sqrt{109}$ | 867·10⁻⁶ | $2/27$ | 0·9918 |
| 0·10 | 0·9852 | 2·1 | 0·0798 | 40 | 15·10⁻⁶ | $\sqrt{113}$ | 822·10⁻⁶ | | |
| 0·11 | 0·9821 | 2·2 | 0·0709 | 45 | 11·10⁻⁶ | $\sqrt{116}$ | 790·10⁻⁶ | $3/3$ | 0·3536 |
| 0·12 | 0·9788 | 2·3 | 0·0634 | 50 | 8·10⁻⁶ | $\sqrt{117}$ | 780·10⁻⁶ | $3/5$ | 0·6305 |
| 0·13 | 0·9752 | 2·4 | 0·0569 | 60 | 4·6·10⁻⁶ | $\sqrt{125}$ | 707·10⁻⁶ | $3/7$ | 0·7778 |
| 0·14 | 0·9713 | 2·5 | 0·0512 | 100 | 1·10⁻⁶ | $\sqrt{128}$ | 683·10⁻⁶ | $3/9$ | 0·8538 |
| 0·15 | 0·9672 | 2·6 | 0·0463 | | | $\sqrt{130}$ | 667·10⁻⁶ | $3/11$ | 0·8979 |
| 0·16 | 0·9628 | 2·7 | 0·0419 | $\sqrt{2}$ | 0·1924 | $\sqrt{136}$ | 624·10⁻⁶ | $3/13$ | 0·9251 |
| 0·17 | 0·9582 | 2·8 | 0·0380 | $\sqrt{5}$ | 0·0680 | $\sqrt{145}$ | 567·10⁻⁶ | $3/15$ | 0·9429 |
| 0·18 | 0·9533 | 2·9 | 0·0346 | $\sqrt{8}$ | 0·0370 | $\sqrt{149}$ | 544·10⁻⁶ | $3/17$ | 0·9551 |
| 0·19 | 0·9482 | 3·0 | 0·0316 | $\sqrt{10}$ | 0·0274 | $\sqrt{162}$ | 481·10⁻⁶ | $3/19$ | 0·9638 |
| 0·20 | 0·9429 | 3·3 | 0·0244 | $\sqrt{13}$ | 0·0191 | $\sqrt{164}$ | 472·10⁻⁶ | $3/21$ | 0,9702 |
| 0·25 | 0·9131 | 3·5 | 0·0207 | $\sqrt{17}$ | 0·0131 | $\sqrt{181}$ | 407·10⁻⁶ | $3/23$ | 0·9750 |
| 0·30 | 0·8787 | 3·6 | 0·0192 | $\sqrt{18}$ | 0·0121 | $\sqrt{200}$ | 351·10⁻⁶ | $3/25$ | 0·9788 |
| 0·35 | 0·8409 | 3·8 | 0·0165 | $\sqrt{20}$ | 0·0104 | | | $3/27$ | 0·9818 |
| 0·40 | 0·8004 | 4·0 | 0·0143 | $\sqrt{26}$ | 0·0071 | $1/3$ | 0·8538 | $3/29$ | 0·9842 |
| 0·45 | 0·7584 | 4·2 | 0·0124 | $\sqrt{29}$ | 0·0061 | $1/5$ | 0·9429 | | |
| 0·50 | 0·7155 | 4·4 | 0·0109 | $\sqrt{32}$ | 0·0053 | $1/7$ | 0·9702 | $4/3$ | 0·2160 |
| 0·55 | 0·6727 | 4·5 | 0·0102 | $\sqrt{34}$ | 0·0048 | $1/9$ | 0·9818 | $4/5$ | 0·4761 |
| 0·60 | 0·6305 | 4·8 | 0·0085 | $\sqrt{37}$ | 0·0043 | $1/11$ | 0·9877 | $4/7$ | 0·6545 |
| 0·65 | 0·5894 | 5·0 | 0·0075 | $\sqrt{40}$ | 0·0038 | $1/13$ | 0·9912 | $4/9$ | 0·7631 |
| 0·70 | 0·5498 | 5·5 | 0·0057 | $\sqrt{41}$ | 0·0036$_7$ | $1/15$ | 0·9934 | $4/11$ | 0·8301 |
| 0·75 | 0·5120 | 6·0 | 0·0044 | $\sqrt{45}$ | 0·0032$_1$ | $1/17$ | 0·9948 | $4/13$ | 0·8731 |
| 0·80 | 0·4761 | 6·5 | 0·0035 | $\sqrt{50}$ | 0·0027$_5$ | $1/19$ | 0·9959 | $4/15$ | 0·9021 |
| 0·85 | 0·4424 | 7·0 | 0·0028 | $\sqrt{52}$ | 0·0026 | $1/21$ | 0·9966 | $4/17$ | 0·9223 |
| 0·90 | 0·4107 | 7·5 | 0·0023 | $\sqrt{54}$ | 0·0024$_5$ | $1/23$ | 0·9972 | $4/19$ | 0·9368 |
| 0·95 | 0·3811 | 8·0 | 0·0019 | $\sqrt{58}$ | 0·0022$_1$ | $1/25$ | 0·9976 | $4/21$ | 0·9479 |
| 1·00 | 0·3536 | 8·5 | 0·0016 | $\sqrt{61}$ | 0·0020$_5$ | $1/27$ | 0·9979 | $4/23$ | 0·9564 |
| 1·05 | 0·3280 | 9·0 | 0·0013$_5$ | $\sqrt{65}$ | 0·0018$_7$ | $1/29$ | 0·9982 | $4/25$ | 0·9628 |
| 1·10 | 0·3044 | 9·5 | 0·0011$_5$ | $\sqrt{68}$ | 0·0017$_5$ | | | $4/27$ | 0·9679 |
| 1·15 | 0·2825 | 10 | 985·10⁻⁶ | $\sqrt{72}$ | 0·0016$_0$ | $2/3$ | 0·5761 | | |
| 1·20 | 0·2624 | 11 | 742·10⁻⁶ | $\sqrt{74}$ | 0·0015$_4$ | $2/5$ | 0·8004 | | |
| 1·25 | 0·2438 | 12 | 573·10⁻⁶ | $\sqrt{80}$ | 0·0013$_7$ | $2/7$ | 0·8890 | | |

$\dfrac{2Q}{h^2}$ (im elektrostatischen Maßsystem). Für $Q = 1$ Coulomb und $h = 1\ km$ wird dann $E(0) = 180\ \dfrac{\text{Volt}}{cm}$, also rund das 180fache des normalen Schönwetterfeldes bei umgekehrten Vorzeichen.

In der Entfernung $r$ vom Fußpunkt erhält man

$$E(r) = E(0)\left[1 + \frac{r^2}{h^2}\right]^{-3/2}. \tag{1}$$

Tabelle 2.

| η \ ξ | 0 | 0·5 | 1 | 1·5 | 2 | 2·5 | 3 | 3·5 | 4 | 4·5 | 5 | 5·5 | 6 | 6·5 | 7 | 7·5 | 8 | 8·5 | 9 | 9·5 | 10 |
|---|---|---|---|---|---|---|---|---|---|---|---|---|---|---|---|---|---|---|---|---|---|
| 0 | 10.000 | 7.155 | 3.536 | 1.707 | 894 | 512 | 316 | 207 | 143 | 102 | 75 | 57 | 44 | 35 | 28 | 23 | 19 | 16 | 13·5 | 11·5 | 9·8 |
| 0·5 | 7.155 | 5.543 | 2.963 | 1.527 | 831 | 487 | 305 | 202 | 140 | 100 | 74 | 56·5 | 44 | 35 | 28 | 23 | 19 | 16 | 13·4 | 11·4 | 9·8 |
| 1 | 3.536 | 2.963 | 1.925 | 1.141 | 680 | 422 | 274 | 186 | 131 | 95 | 71 | 55·5 | 43 | 36 | 27·5 | 22·5 | 18·7 | 15·6 | 13·2 | 11·3 | 9·7 |
| 1·5 | 1.707 | 1.527 | 1.141 | 775 | 512 | 345 | 233 | 164 | 118 | 88 | 67 | 51·5 | 41 | 33 | 26·5 | 22 | 18 | 15·2 | 13 | 11·1 | 9·5 |
| 2 | 894 | 831 | 680 | 512 | 370 | 265 | 191 | 140 | 104 | 79 | 61 | 48 | 38 | 31 | 25 | 21 | 17·4 | 14·7 | 12·5 | 10·8 | 9·3 |
| 2·5 | 512 | 487 | 422 | 345 | 265 | 202 | 153 | 116 | 89 | 69 | 55 | 43·5 | 35 | 29 | 24 | 20 | 16·6 | 14·1 | 12·0 | 10·4 | 9·0 |
| 3 | 316 | 305 | 274 | 233 | 191 | 153 | 121 | 95 | 75 | 60 | 48 | 39 | 32 | 26·5 | 22 | 18·5 | 15·7 | 13·4 | 11·5 | 9·8 | 9·0 |
| 3·5 | 207 | 202 | 186 | 164 | 140 | 116 | 95 | 78 | 64 | 52 | 42 | 35 | 29 | 24 | 20·5 | 17·5 | 14·7 | 12·7 | 10·9 | 9·5 | 8·7 |
| 4 | 143 | 140 | 131 | 118 | 104 | 89 | 75 | 64 | 53 | 44 | 37 | 31 | 26 | 22 | 18·5 | 16 | 13·7 | 11·9 | 10·3 | 9·0 | 8·3 |
| 4·5 | 102 | 100 | 95 | 88 | 79 | 69 | 60 | 52 | 44 | 37 | 32 | 27 | 23 | 20 | 17 | 14·7 | 12·7 | 11·1 | 9·6 | 8·5 | 7·9 |
| 5 | 75 | 74 | 71 | 67 | 61 | 55 | 48 | 42 | 37 | 32 | 28 | 24 | 20·5 | 18 | 15·5 | 13·4 | 11·7 | 10·3 | 9·0 | 8·0 | 7·5 |
| 5·5 | 57 | 56·5 | 55·5 | 51·5 | 48 | 43·5 | 39 | 35 | 31 | 27 | 24 | 21 | 18 | 16 | 14 | 12 | 10·7 | 9·5 | 8·4 | 7·4 | 7·1 |
| 6 | 44 | 44 | 43 | 41 | 38 | 35 | 32 | 29 | 26 | 23 | 20·5 | 18 | 16 | 14 | 12·5 | 11 | 9·6 | 8·8 | 7·8 | 6·9 | 6·6 |
| 6·5 | 35 | 35 | 36 | 33 | 31 | 29 | 26·5 | 24 | 22 | 20 | 18 | 16 | 14 | 12·6 | 11·3 | 10 | 8·9 | 8·1 | 7·3 | 6·5 | 6·2 |
| 7 | 28 | 28 | 27·5 | 26·5 | 25 | 24 | 22 | 20·5 | 18·5 | 17 | 15·5 | 14 | 12·5 | 11·3 | 10·2 | 9·2 | 8·2 | 7·5 | 6·8 | 6·1 | 5·8 |
| 7·5 | 23 | 23 | 22·5 | 22 | 21 | 20 | 18·5 | 17·5 | 16 | 14·7 | 13·4 | 12 | 11 | 10 | 9·2 | 8·3 | 7·5 | 6·8 | 6·4 | 5·6 | 5·4 |
| 8 | 19 | 19 | 18·7 | 18 | 17·4 | 16·6 | 15·7 | 14·7 | 13·7 | 12·7 | 11·7 | 10·7 | 9·6 | 8·9 | 8·2 | 7·5 | 6·8 | 6·2 | 5·7 | 5·2 | 5·6 |
| 8·5 | 16 | 16 | 15·6 | 15·2 | 14·7 | 14·1 | 13·4 | 12·7 | 11·9 | 11·1 | 10·3 | 9·5 | 8·8 | 8·1 | 7·5 | 6·8 | 6·2 | 5·7 | 5·2 | 4·8 | 4·7 |
| 9 | 13·5 | 13·4 | 13·2 | 13 | 12·5 | 12·0 | 11·5 | 10·9 | 10·3 | 9·6 | 9·0 | 8·4 | 7·8 | 7·3 | 6·8 | 6·4 | 5·7 | 5·2 | 4·8 | 4·4 | 4·4 |
| 9·5 | 11·5 | 11·4 | 11·3 | 11·1 | 10·8 | 10·4 | 9·8 | 9·5 | 9·0 | 8·5 | 8·0 | 7·4 | 6·9 | 6·5 | 6·1 | 5·6 | 5·2 | 4·8 | 4·4 | 4·1 | 4·1 |

Wählt man die Höhe $h$ zur Längeneinheit und setzt man $r/h = \xi$, so ist die dimensionslose Grundformel für alle weiteren Rechnungen:

$$\varepsilon(\xi) = \frac{E(\xi)}{E(0)} = (1+\xi^2)^{-3/2} = f(\xi). \tag{2}$$

Es wird daher zur Ersparung von Rechenarbeit eine Tabelle (Tab. 1) angefügt, in der die Werte von $f(\xi)$ im allgemeinen auf vier Dezimalstellen angegeben sind. Will man die Größe $\varepsilon(\xi, \eta)$ für die Punkte eines quadratischen Netzes als Funktion der rechtwinkligen Koordinaten $\xi$ und $\eta$ berechnen, so treten im Argument auch irrationale Zahlen auf, ferner bei Rechnungen, wie sie im Abschnitt 8 durchzuführen sind, Argumentwerte von der Form $\xi = \dfrac{m}{2n+1}$. Aus diesem Grunde ist die Tabelle in dieser Beziehung ergänzt.

Für die Übereinanderlagerung der Felder von zwei seitlich gegeneinander verschobenen Ladungen ist die oben erwähnte Verteilung in einem quadratischen Netz zu ermitteln, daher gibt die Tabelle 2 für einen Quadranten die Größe $10^4 \cdot \varepsilon$ als $F(\xi, \eta)$ wieder.

Eine Kurvendarstellung von $f(\xi)$ ist in der Tafel I zu finden.

Zu der Ausgangsformel

$$E(r) = \frac{2Q}{h^2}\left(1 + \frac{r^2}{h^2}\right)^{-3/2}$$

sei noch bemerkt, daß aus

$$\frac{\partial E}{\partial h} = \frac{2Q}{h^3}\left(1 + \frac{r^2}{h^2}\right)^{-3/2}\left[\frac{3r^2}{h^2}\left(1 + \frac{r^2}{h^2}\right)^{-1} - 2\right] \tag{3}$$

sich die Konsequenz ergibt:

Sinkt die Ladung $Q$ tiefer, so

wächst $E(\xi)$ für $\xi < \xi_0$,
bleibt $E(\xi)$ konstant für $\xi = \xi_0 = \sqrt{2}$
nimmt $E(\xi)$ ab für $\xi > \xi_0$.

Wenn also einem vertikal zur Erde gehenden Blitz Vorentladungen vorausgehen, die einen Teil der Wolkenladung auf tieferes Niveau bringen, so kann das Feld am Boden zunächst zu- oder abnehmen oder konstant bleiben, je nach der Entfernung des Blitzes vom Beobachter. Nach dem Hauptblitz verschwindet das von der transportierten Ladung erzeugte Feld.

### 3. Zwei Punktladungen in gleicher Höhe.

Es seien zwei gleich große, im Vorzeichen entgegengesetzte Ladungen $+Q$ und $-Q$ in gleicher Höhe $h$ und in der Entfernung $d = \delta h$ gegeben. Setzt man die Feldstärke, welche eine

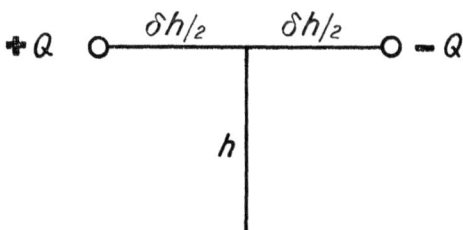

Ladung allein in ihrem Fußpunkte erzeugt, also $\frac{2Q}{h^2} = E^*$ und wieder $\frac{E}{E^*} = \varepsilon$, so ergibt sich $\varepsilon$ als Funktion der vom Symmetriepunkt als Ursprung aus gerechneten Koordinaten $\xi$ und $\eta$ zu

$$10^4 \cdot \varepsilon = \Delta(\xi, \eta) = F(\xi - \frac{\delta}{2}, \eta) - F(\xi + \frac{\delta}{2}, \eta), \tag{4}$$

wobei $F$ die im vorigen Abschnitt behandelte und in Tabelle 2 dargestellte Funktion bedeutet.

Die Tabellen 3 und 4 geben wieder für einen Quadranten die Werte von $\Delta(\xi, \eta)$ in einem quadratischen Netz an für $\delta = 1$ und $\delta = 2$. In den beiden linken Quadranten wären dann die Vorzeichen von $\varepsilon$ umzukehren.

Tabelle 3.
($10^4 \cdot \varepsilon(\xi)$ bei $\delta = 1$)

| $\eta$ \ $\xi$ | 0 | 0·5 | 1 | 1·5 | 2 | 2·5 | 3 | 3·5 | 4 | 4·5 | 5 |
|---|---|---|---|---|---|---|---|---|---|---|---|
| 0 | 0 | 6.464 | 5.448 | 2.642 | 1.195 | 582 | 305 | 173 | 105 | 67 | 45 |
| 0·5 | 0 | 4.192 | 4.068 | 2.132 | 988 | 526 | 285 | 165 | 102 | 66 | 44 |
| 1 | 0 | 1.611 | 1.822 | 1.245 | 719 | 406 | 236 | 143 | 91 | 60 | 41 |
| 1·5 | 0 | 566 | 700 | 629 | 430 | 279 | 181 | 115 | 76 | 52 | 36 |
| 2 | 0 | 214 | 319 | 310 | 247 | 179 | 125 | 87 | 61 | 43 | 31 |
| 2·5 | 0 | 90 | 142 | 157 | 143 | 112 | 86 | 64 | 47 | 35 | 26 |
| 3 | 0 | 42 | 72 | 83 | 80 | 70 | 57 | 45 | 35 | 27 | 21 |
| 3·5 | 0 | 21 | 38 | 46 | 48 | 44 | 38 | 31 | 26 | 22 | 17 |
| 4 | 0 | 12 | 22 | 27 | 29 | 28 | 25 | 23 | 20 | 16 | 13 |
| 4·5 | 0 | 7 | 12 | 18 | 19 | 19 | 18 | 16 | 14 | 12 | 10 |
| 5 | 0 | 4 | 8 | 10 | 12 | 13 | 12 | 12 | 10 | 9 | 8 |

Tabelle 4.
($10^4 \cdot \varepsilon(\xi)$ bei $\delta = 2$)

| $\eta$ \ $\xi$ | 0 | 0·5 | 1 | 1·5 | 2 | 2·5 | 3 | 3·5 | 4 | 4·5 | 5 | 5·5 | 6 |
|---|---|---|---|---|---|---|---|---|---|---|---|---|---|
| 0 | 0 | 5.448 | 9.106 | 6.743 | 3.220 | 1.500 | 751 | 410 | 241 | 150 | 98 | 70 | 47 |
| 0·5 | 0 | 4.068 | 6.324 | 5.056 | 2.658 | 1.273 | 691 | 387 | 231 | 145 | 96 | 65 | 46 |
| 1 | 0 | 1.822 | 2.856 | 2.541 | 1.651 | 955 | 549 | 327 | 203 | 131 | 98 | 59 | 44 |
| 1·5 | 0 | 700 | 1.295 | 1.130 | 908 | 611 | 394 | 257 | 166 | 112 | 78 | 55 | 40 |
| 2 | 0 | 319 | 524 | 566 | 489 | 372 | 266 | 186 | 130 | 92 | 66 | 48 | 36 |
| 2·5 | 0 | 142 | 247 | 285 | 269 | 229 | 176 | 133 | 98 | 72 | 54 | 41 | 31 |
| 3 | 0 | 72 | 125 | 152 | 153 | 138 | 116 | 93 | 72 | 56 | 43 | 33 | 26 |
| 3·5 | 0 | 38 | 67 | 86 | 91 | 86 | 75 | 64 | 53 | 43 | 35 | 27 | 22 |
| 4 | 0 | 22 | 39 | 51 | 56 | 54 | 51 | 45 | 39 | 33 | 27 | 22 | 18 |
| 4·5 | 0 | 12 | 23 | 31 | 35 | 36 | 35 | 32 | 28 | 24 | 21 | 18 | 15 |
| 5 | 0 | 8 | 14 | 20 | 23 | 24 | 24 | 23 | 21 | 19 | 16 | 14 | 12 |

## 4. Zwei gleiche Ladungen vertikal übereinander.

Angenommen wird eine Ladung $-Q$ in der Höhe $h$ und eine Ladung $+Q$ in der Höhe $h' = kh$. Hier wie im folgenden werde mit $E^* = \frac{2Q}{h^2}$ die Feldstärke bezeichnet, welche die untere Ladung allein im Fußpunkt erzeugt, und der Quotient $\frac{E}{E^*}$ für die Feldstärke in einem beliebigen Punkte der Ebene mit ε bezeichnet. Wird wieder, wie in den vorigen Abschnitten, die Entfernung dieses Punktes vom Fußpunkt mit ξ h bezeichnet, also h als Längeneinheit gewählt und ε als Funktion von ξ berechnet, so ergibt sich in diesem Falle:

$$\varepsilon = \Phi_k(\xi) = f(\xi) - \frac{1}{k^2} f\left(\frac{\xi}{k}\right), \tag{5}$$

wobei $f(\xi)$ die in Tabelle 1 berechnete Funktion $(1 + \xi^2)^{-3/2}$ ist.

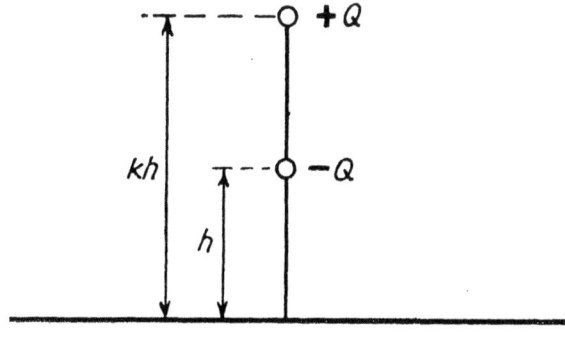

Fig. 3.

Wie schon S. 3 erwähnt, wäre bei $Q = 1$ Coulomb und $h = 1\,km$ der Wert von $E^* = 180$ Volt/$cm$; bei einer polaren Ladung der Gewitterwolke von etwa 50 bis 200 Coulomb und einer Höhe $h$ der unteren Ladung von 1 bis 2 $km$ wird dann $E^*$ von der Größenordnung

Tabelle 5.

| $k = 1.25$ | | $k = 1.5$ | | $k = 2$ | | $k = 3$ | | $k = 4$ | |
|---|---|---|---|---|---|---|---|---|---|
| $\xi$ | $\varepsilon(\xi)$ | $\xi$ | $\varepsilon(\xi)$ | $\xi$ | $\varepsilon(\xi)$ | $\xi$ | $\varepsilon(\xi)$ | $\xi$ | $\varepsilon(\xi)$ |
| 0 | + 0·3600 | 0 | + 0·5556 | 0 | + 0·7500 | 0 | + 0·8889 | 0 | + 0·9375 |
| 0·1 | 0·3513 | 0·15 | 0·5293 | 0·1 | 0·7361 | 0·1 | 0·8742 | 0·1 | 0·9228 |
| 0·2 | 0·3267 | 0·3 | 0·4596 | 0·2 | 0·6966 | 0·2 | 0·8325 | 0·2 | 0·8806 |
| 0·3 | 0·2903 | 0·45 | 0·3679 | 0·3 | 0·6369 | 0·3 | 0·7692 | 0·3 | 0·8167 |
| 0·4 | 0·2474 | 0·5 | 0·3360 | 0·4 | 0·5647 | 0·4 | 0·6922 | 0·4 | 0·7388 |
| 0·5 | 0·2032 | 0·6 | 0·2748 | 0·5 | 0·4872 | 0·5 | 0·6089 | 0·5 | 0·6544 |
| 0·6 | 0·1616 | 0·75 | 0·1940 | 0·6 | 0·4108 | 0·6 | 0·5257 | 0·6 | 0·5700 |
| 0·7 | 0·1247 | 0·9 | 0·1305 | 0·7 | 0 3396 | 0·7 | 0·4472 | 0·7 | 0·4901 |
| 0·8 | 0·0938 | 1·0 | 0·0976 | 0·8 | 0·2760 | 0·8 | 0·3759 | 0·8 | 0·4172 |
| 0·9 | 0·0686 | 1·2 | 0·0508 | 0·9 | 0·2211 | 0·9 | 0·3131 | 0·9 | 0·3561 |
| 1·0 | 0·0489 | 1·5 | + 0·0136 | 1·0 | 0·1747 | 1·0 | 0·2588 | 1·0 | 0·2965 |
| 1·2 | 0·0221 | 1·8 | − 0·0021 | 1·2 | 0·1048 | 1·2 | 0·1735 | 1·2 | 0·2075 |
| 1·5 | + 0·0028 | 2·0 | 0·0066 | 1·5 | 0·0427 | 1·5 | 0·0912 | 1·6 | 0·0989 |
| 1·8 | − 0·0043 | 2·1 | 0·0076 | 1·8 | 0·0118 | 1·8 | 0·0444 | 1·8 | 0·0671 |
| 2·0 | 0·0059 | 2·4 | 0·0093 | 2·0 | + 0·0012 | 2·0 | 0·0254 | 2·0 | 0·0447 |
| 2·25 | 0·0063 | 2·7 | 0·0090 | 2·1 | − 0·0033 | 2·1 | 0·0186 | 2·2 | 0·288 |
| 2·5 | 0·0060 | 3·0 | 0·0081 | 2·5 | 0·0097 | 2·4 | + 0·0040 | 2·4 | 0·0175 |
| 3·0 | 0·0048 | 3·6 | 0·0061 | 3·0 | 0·0111 | 2·7 | − 0·0037 | 2·8 | + 0·0037 |
| 3·5 | 0·0036 | 4·5 | 0·0038 | 4·0 | 0·0081 | 3·0 | 0·0077 | 3·0 | − 0·0004 |
| 4·0 | 0·0027 | 6·0 | 0·0019 | 5·0 | 0·0053 | 3·6 | 0·0100 | 3·6 | 0·0065 |
| 4·5 | 0·0021 | 9·0 | 0·0006 | 6·0 | 0·0035 | 4·0 | 0·0097 | 4·4 | 0·0081 |
| 5·0 | 0·0016 | 12·0 | 0·0003 | 10·0 | 0·0009 | 10·0 | 0·0016 | 10·0 | 0·0022 |
| 10·0 | 0·0002 | 15·0 | 0·0001 | 20·0 | 0·0001 | 24·0 | 0·0001 | 30·0 | 0·0001 |

$10^4$ Volt/cm, also das 10.000fache des normalen Feldes. Aus diesem Grunde sind im allgemeinen die Werte von $\varepsilon$ auf vier Dezimalstellen angegeben; bei $\varepsilon = 10^{-4}$ ist das von der Gewitterwolke erzeugte Feld noch von der Größenordnung des ungestörten Feldes.

Aus der Höhe und Mächtigkeit der Gewitterwolken kann man schließen, daß das Verhältnis $k$ (Höhe der oberen Ladung zu Höhe der unteren Ladung) in der Regel zwischen den Grenzen 1·25 und 4 liegen dürfte. In der Tabelle 5 sind daher die Werte der Funktion $\Phi_k(\xi)$ für $k = 1·25$, $1·5$, $2$, $3$, $4$ zusammengestellt. Eine Kurvendarstellung enthalten die Tafel I und II.

Im vorliegenden Falle ist also das elektrische Feld am Boden innerhalb eines Kreises vom Radius $\xi_0$ positiv (aufwärts gerichtet), außerhalb negativ. Der Radius $\xi_0$ der Isodyname $\varepsilon = 0$ berechnet sich zu

$$\xi_0 = \sqrt{k^{2/3}(1+k^{2/3})}. \tag{6}$$

Für $\xi > \xi_0$ nimmt der Absolutbetrag der negativen Feldstärke zu bis zu $\xi = \xi_{max}$, wobei

$$\xi_{max} = \sqrt{k^{2/5}(1+k^{2/5})(1+k^{4/5})}. \tag{7}$$

Daraus ergeben sich die in Tabelle 6 enthaltenen numerischen Werte.

Tabelle 6.

| $k$ | $\xi_0$ | $\xi_{max}$ |
|---|---|---|
| 1·25 | 1·583 | 2·241 |
| 1·5 | 1·740 | 2·469 |
| 2 | 2·026 | 2·898 |
| 3 | 2·530 | 3·674 |
| 4 | 2·978 | 4·386 |

Die Maximalwerte der negativen Feldstärke bei $\xi = \xi_{max}$ betragen etwa $E^*/100$. Vergleichbar mit den normalen Werten ungestörter Gebiete bleiben aber die Gewitterfelder noch bis in Entfernungen, die das 10- bis 30fache der Höhe $h$ sind.

Von einigem Interesse ist die Frage, welcher Bruchteil $S\,\text{I}$ des gesamten Kraftflusses $S = 4\pi Q$ direkt zwischen den beiden Ladungen verläuft, während der Rest $S\,\text{II}$ von den Wolkenladungen zum Boden geht, und zwar von der unteren Ladung zum inneren Kreis, von der oberen zum negativen äußeren Gebiet.

Bei nur einer Ladung ($-Q$) ist die innerhalb eines Kreises vom Radius $\xi$ influenzierte Bodenladung gegeben durch

$$\frac{Q(\xi)}{Q} = \int_0^\xi (1+\xi^2)^{-3/2}\,\xi\,d\xi = 1-(1+\xi^2)^{-1/2}. \tag{8}$$

Bei Vorhandensein beider Ladungen ist die innerhalb des Kreises $\xi_0$ enthaltene Ladung:

$$\frac{Q(\xi_0)}{Q} = \frac{k}{\sqrt{k^2+k^{2/3}+k^{4/3}}} - \frac{1}{\sqrt{1+k^{2/3}+k^{4/3}}}. \tag{9}$$

Daraus ergibt sich:

| $k =$ | 1·25 | 1·5 | 2 | 3 | 4 |
|---|---|---|---|---|---|
| $S\,\text{I} =$ | 0·908 | 0·845 | 0·740 | 0·603 | 0·516 |
| $S\,\text{II} =$ | 0·092 | 0·155 | 0·260 | 0·397 | 0·484 |

## Das elektrische Feld in der Vertikalen.

Für die Feldverteilung am Boden ist es gleichgültig, ob die beiden Ladungen $+Q$ und $-Q$ als Punktladungen oder als zentrisch-symmetrisch mit Raumladung erfüllte Kugeln angenommen werden. Für die Frage aber, an welchen Stellen innerhalb der Wolke die größten Feldstärken erreicht werden und daher am ehesten eine Entladung einsetzt, ist dann aber auch die Größe des Radius $a$ dieser Kugeln von Bedeutung. Es werde also vorausgesetzt, daß eine Kugel mit der Ladung $-Q$ und dem Radius $a = \alpha h$ in der Höhe $h$ und eine zweite mit der Ladung $+Q$ und dem gleichen Radius in der Höhe $h' = kh$ vorhanden sei. Berechnet werden die Werte der Feldstärke $E_0$, $E_1$, $E_2$, $E_3$ und $E_4$, die beziehungsweise am Boden, am unteren und oberen Ende der beiden Kugeln auftreten (vgl. Fig. 4).

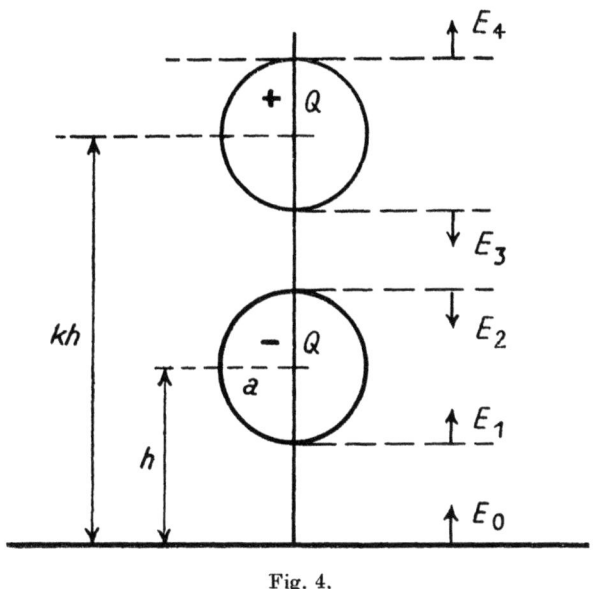

Fig. 4.

Unter Berücksichtigung des von den elektrischen Bildern erzeugten Feldes erhält man allgemein (für $Q = 1$ und $h = 1$):

$$\left.\begin{aligned}
E^* &= +2 \\
E_0 &= +2\frac{k^2-1}{k^2} \\
E_1 &= +\left[\frac{1}{\alpha^2} - \frac{1}{(k-1+\alpha)^2} + \frac{1}{(2-\alpha)^2} - \frac{1}{(k+1-\alpha)^2}\right] \\
E_2 &= -\left[\frac{1}{\alpha^2} + \frac{1}{(k-1-\alpha)^2} - \frac{1}{(2+\alpha)^2} + \frac{1}{(k+1+\alpha)^2}\right] \\
E_3 &= -\left[\frac{1}{\alpha^2} + \frac{1}{(k-1-\alpha)^2} - \frac{1}{(k+1-\alpha)^2} + \frac{1}{(2k-\alpha)^2}\right] \\
E_4 &= +\left[\frac{1}{\alpha^2} - \frac{1}{(k-1+\alpha)^2} + \frac{1}{(k+1+\alpha)^2} - \frac{1}{(2k+\alpha)^2}\right]
\end{aligned}\right\} \quad (10)$$

Einige Spezialfälle enthält die Tabelle 7.

Tabelle 7.

|  | $k=1{\cdot}5$ $\alpha=1/4$ | $k=1{\cdot}5$ $\alpha=1/5$ | $k=2$ $\alpha=1/2$ | $k=2$ $\alpha=1/3$ | $k=2$ $\alpha=1/4$ | $k=2$ $\alpha=1/5$ | $k=2$ $\alpha=1/10$ | $k=3$ $\alpha=1$ | $k=3$ $\alpha=1/2$ | $k=3$ $\alpha=1/3$ | $k=4$ $\alpha=1$ | $k=4$ $\alpha=1/2$ |
|---|---|---|---|---|---|---|---|---|---|---|---|---|
| $E^*$ | 2 | 2 | 2 | 2 | 2 | 2 | 2 | 2 | 2 | 2 | 2 | 2 |
| $E_0$ | 1·11 | 1·11 | 1·50 | 1·50 | 1·50 | 1·50 | 1·50 | 1·78 | 1·78 | 1·78 | 1·88 | 1·88 |
| $E_1$ | 14·4 | 23·1 | 3·84 | 8·66 | 15·6 | 24·6 | 99·3 | 1·78 | 4·20 | 9·10 | 1·88 | 4·31 |
| $-E_2$ | 31·4 | 36·0 | 7·92 | 11·1 | 17·7 | 26·4 | 101·1 | 1·93 | 4·23 | 9·23 | 1·17 | 4·03 |
| $-E_3$ | 31·4 | 36·0 | 7·92 | 11·2 | 17·7 | 26·5 | 101·4 | 1·93 | 4·40 | 9·32 | 1·21 | 4·13 |
| $E_4$ | 14·3 | 23·0 | 3·59 | 8·47 | 15·4 | 24·3 | 99·0 | 0·91 | 3·86 | 8·82 | 0·96 | 3·94 |

Meistens erreichen $E_2$ und $E_3$ die größten Werte, d. h. Blitze innerhalb der Wolke haben die größte Wahrscheinlichkeit. Je nach den Werten von $k$ und $\alpha$ können $E_1$ und $E_4$ von gleicher Größenordnung oder beträchtlich kleiner sein, also Blitze zur Erde oder Blitze von der Wolke nach oben mehr oder weniger wahrscheinlich sein.

### 5. Ungleiche Ladungen vertikal übereinander.

Bisher war angenommen worden, daß die beiden Ladungen entgegengesetzt gleich groß seien. Durch Ausfallen geladener Niederschläge oder durch Blitze von der Wolke zur Erde oder von der oberen Ladung aufwärts können aber verschiedene Absolutbeträge entstehen. Es sei wieder $-Q$ die Ladung in der Höhe $h$, $+\beta Q$ die Ladung in der Höhe $kh$, wobei $k>1$, $\beta \gtreqless 1$ vorausgesetzt wird.

Allgemein ist dann

$$\varepsilon(\xi) = \frac{E(\xi)}{E^*} = f(\xi) - \frac{\beta}{k^2} f\left(\frac{\xi}{k}\right). \tag{11}$$

Wenn $k^2 > \beta > \dfrac{1}{k}$, so ist die Feldverteilung am Boden wieder derart, daß ein kreisförmiges Gebiet positives (aufwärts gerichtetes), das außerhalb gelegene Gebiet negatives Feld besitzt, das im Unendlichen verschwindet.

Die Isodyname $\varepsilon = 0$ hat den Radius

$$\xi_0 = \sqrt{\frac{k^2 - (\beta k)^{2/3}}{(\beta k)^{2/3} - 1}}. \tag{12}$$

Tabelle 8.

|  | $k=2;\ \beta=1/2$ | $k=2;\ \beta=2$ | $k=2;\ \beta=4$ |  | $k=2;\ \beta=1/2$ | $k=2;\ \beta=2$ | $k=2;\ \beta=4$ |
|---|---|---|---|---|---|---|---|
| $\xi$ | $\varepsilon(\xi)$ | $\varepsilon(\xi)$ | $\varepsilon(\xi)$ | $\xi$ | $\varepsilon(\xi)$ | $\varepsilon(\xi)$ | $\varepsilon(\xi)$ |
| 0 | + 0·8750 | + 0·5000 | 0·0000 | 1·0 | 0·2642 | — 0·0042 | — 0·3619 |
| 0·1 | 0·8607 | 0·4870 | — | 1·2 | 0·1836 | 0·0528 | 0·3681 |
| 0·2 | 0·8197 | 0·4503 | — 0·0423 | 1·4 | 0·1278 | 0·0764 | 0·3533 |
| 0·3 | 0·7578 | 0·3951 | — | 1·6 | 0·0894 | 0·0892 | 0·3272 |
| 0·4 | 0·6821 | 0·3289 | 0·1425 | 1·8 | 0·0631 | 0·0909 | 0·2962 |
| 0·5 | 0·6014 | 0·2590 | — | 2·0 | 0·0452 | 0·0874 | 0·2642 |
| 0·6 | 0·5207 | 0·1911 | 0·2482 | 3·0 | 0·0102 | 0·0538 | 0·1391 |
| 0·7 | 0·4447 | 0·1294 | — | 4·0 | 0·0031 | 0·0305 | 0·0751 |
| 0·8 | 0·3761 | 0·0759 | 0·3243 | 5·0 | 0·0011 | 0·181 | — |
| 0·9 | 0·3159 | + 0·0315 | — | 10·0 | 0·0000₄ | 0·0028 | 0·0066 |

Für $\xi = \xi_{max}$ erreicht das negative Feld seinen Maximalwert, wobei

$$\xi_m = \sqrt{\frac{k^{8/5} - \beta^{2/5}}{k^2 \beta^{2/5} - k^{8/5}}}. \tag{13}$$

Wird $\beta > 1$, so wird der Radius $\xi_0$ verkleinert, das positive Gebiet schrumpft ein; für $\beta < 1$ wächst $\xi_0$, das positive Gebiet dehnt sich aus.

Wird $\beta = k^2$, so wird die Feldstärke im Mittelpunkt 0 und ist sonst negativ; für $\beta > k^2$ ist das Feld überall negativ. Wird $\beta \leq \dfrac{1}{k}$, so ist die Feldstärke überall positiv.

Drei Beispiele gibt die Tabelle 8.

## 6. Gleiche Ladungen schief übereinander.

Angenommen wird eine Ladung $-Q$ in der Höhe $h$ über dem Ursprung des Koordinatensystems und eine Ladung $+Q$ in der Höhe $kh$, deren Fußpunkt die Koordinaten $x = \delta h$ und $y = 0$ habe.

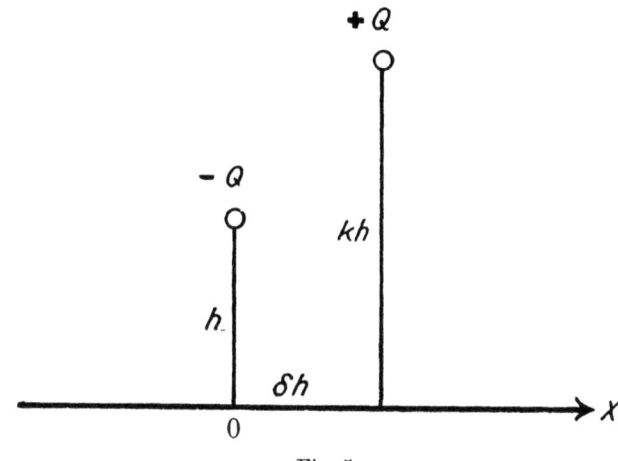

Fig. 5.

Ist wieder $\dfrac{2Q}{h^2} = E^*$ gesetzt, so ist allgemein

$$\varepsilon(\xi, \eta) = \frac{E(\xi, \eta)}{E^*} = f\left(\sqrt{\xi^2 + \eta^2}\right) - \frac{1}{k^2} f\left(\frac{\sqrt{(\xi - \delta)^2 + \eta^2}}{k}\right), \tag{14}$$

wobei wieder $f(u)$ die in Tabelle 1 berechnete Funktion ist.

Tabelle 9.

| $k$ | $k^{2/3}$ | $\delta = 0$ | $\delta = 0.5$ | $\delta = 1$ | $\delta = 2$ | $\delta = 3$ | $\delta = 4$ |
|---|---|---|---|---|---|---|---|
| 1.25 | 1.160 | $D = 0$ | 3.12 | 6.23 | 12.46 | 18.69 | 24.92 |
|  |  | $R = 1.583$ | 3.71 | 6.90 | 13.51 | 20.20 | 26.89 |
| 1.5 | 1.310 | 0 | 1.61 | 3.22 | 6.45 | 9.67 | 12.89 |
|  |  | 1.740 | 2.66 | 4.08 | 7.58 | 11.20 | 14.86 |
| 2 | 1.587 | 0 | 0.85 | 1.70 | 3.40 | 5.11 | 6.81 |
|  |  | 2.026 | 2.29 | 2.95 | 4.73 | 6.74 | 8.82 |
| 3 | 2.080 | 0 | 0.46 | 0.93 | 1.85 | 2.78 | 3.70 |
|  |  | 2.531 | 2.62 | 2.86 | 3.68 | 4.73 | 5.91 |
| 4 | 2.520 | 0 | 0.33 | 0.66 | 1.32 | 1.97 | 2.63 |
|  |  | 2.978 | 3.02 | 3.16 | 3.64 | 4.25 | 5.13 |

## Tabelle 10.

$k = 2; \delta = 1$

$10^4 \cdot \varepsilon(\xi, \eta)$

| ξ\η | −9 | −8 | −7 | −6 | −5 | −4 | −3 | −2 | −1 | 0 | 1 | 2 | 3 | 4 | 5 | 6 | 7 | 8 |
|---|---|---|---|---|---|---|---|---|---|---|---|---|---|---|---|---|---|---|
| 0  | −5 | −6 | −7 | −7 | −3 | 15 | 93 | 467 | −2.632 | 8.211 | 1.036 | −895 | −568 | −284 | −148 | −84 | −51 | −33 |
| 1  | −5 | −6 | −7 | −8 | −3 | 9  | 66 | 300 | −1.184 | 2.150 | 136   | −705 | −467 | −238 | −137 | −79 | −49 | −32 |
| 2  | −5 | −6 | −8 | −8 | −5 | −2 | 21 | 85  | −481   | 123   | −204  | −377 | −290 | −181 | −109 | −67 | −43 | −29 |
| 3  | −5 | −6 | −8 | −9 | −8 | −11| −7 | −3  | −32    | −53   | −111  | −178 | −164 | −118 | −80  | −54 | −36 | −25 |
| 4  | −5 | −6 | −8 | −9 | −11| −13| −17| −24 | −39    | −65   | −93   | −104 | −95  | −75  | −56  | −40 | −29 | −21 |
| 5  | −5 | −6 | −7 | −9 | −11| −14| −18| −25 | −34    | −46   | −57   | −61  | −57  | −52  | −39  | −30 | −23 | −17 |
| 6  | −4 | −5 | −6 | −8 | −10| −12| −16| −20 | −26    | −33   | −36   | −38  | −36  | −32  | −27  | −22 | −18 | −14 |
| 7  | −4 | −5 | −6 | −7 | −8 | −10| −13| −16 | −19    | −22   | −22   | −25  | −24  | −22  | −20  | −16 | −14 | −10 |
| 8  | −3 | −4 | −5 | −6 | −7 | −9 | −10| −12 | −15    | −16   | −17   | −17  | −17  | −16  | −14  | −13 | −11 | −9  |
| 9  | −3 | −4 | −4 | −5 | −6 | −7 | −8 | −10 | −11    | −12   | −12   | −13  | −12  | −12  | −11  | −9  | −8  | −7  |
| 10 | −3 | −3 | −4 | −4 | −5 | −6 | −7 | −7  | −8     | −9    | −9    | −9   | −9   | −9   | −8   | −7  | −7  | −6  |

## Tabelle 11.

$k = 2; \delta = 2$

$10^4 \cdot \varepsilon(\xi, \eta)$

| ξ\η | −9 | −8 | −7 | −6 | −5 | −4 | −3 | −2 | −1 | 0 | 1 | 2 | 3 | 4 | 5 | 6 | 7 | 8 |
|---|---|---|---|---|---|---|---|---|---|---|---|---|---|---|---|---|---|---|
| 0 | −1 | 0.3  | 3   | 9   | 24 | 64 | 188 | 670 | −3.109 | 9.118 | 1.747 | −1.606 | −1.473 | −786 | −352 | −180 | −100 | −60 |
| 1 | −1 | 0.1  | 2   | 8   | 21 | 55 | 152 | 472 | −1.556 | 2.795 | 539   | −1.109 | −1.112 | −610 | −298 | −165 | −94  | −58 |
| 2 | −1 | −0.4 | 1   | 5   | 14 | 36 | 86  | 200 | −395   | 412   | −48   | −512   | −550   | −377 | −224 | −132 | −80  | −51 |
| 3 | −1 | −1   | 0.1 | 2   | 7  | 24 | 34  | 63  | −80    | 39    | −95   | −236   | −248   | −210 | −146 | −96  | −64  | −42 |
| 4 | −2 | −2   | −1  | −0.1| 2  | 5  | 9   | 12  | −15    | −27   | −77   | −120   | −133   | −117 | −91  | −66  | −48  | −34 |
| 5 | −2 | −2   | −2  | −2  | −2 | −2 | −2  | −5  | −11    | −30   | −41   | −67    | −76    | −69  | −59  | −46  | −35  | −24 |

Schematische Gewitterfelder.

Tabelle 11 (Fortsetzung).

$k = 2; \delta = 2$

$10^4 \cdot \varepsilon(\xi, \eta)$

| ξ\η | −9 | −8 | −7 | −6 | −5 | −4 | −3 | −2 | −1 | 0 | 1 | 2 | 3 | 4 | 5 | 6 | 7 | 8 |
|---|---|---|---|---|---|---|---|---|---|---|---|---|---|---|---|---|---|---|
| 6 | −2 | −3 | −2 | −3 | −4 | −4 | −6 | −10 | −14 | −24 | −34 | −41 | −44 | −43 | −38 | −32 | −26 | −21 |
| 7 | −2 | −2 | −3 | −4 | −4 | −5 | −7 | −10 | −13 | −18 | −23 | −27 | −28 | −28 | −26 | −22 | −19 | −16 |
| 8 | −2 | −2 | −3 | −4 | −4 | −5 | −7 | −9 | −11 | −14 | −16 | −18 | −19 | −19 | −18 | −16 | −14 | −12 |
| 9 | −2 | −2 | −3 | −3 | −4 | −5 | −6 | −7 | −9 | −10 | −12 | −13 | −14 | −14 | −13 | −12 | −11 | −9 |
| 10 | −2 | −2 | −3 | −3 | −3 | −4 | −5 | −6 | −7 | −8 | −9 | −10 | −10 | −10 | −10 | −9 | −8 | −7 |

Tabelle 12.

$k = 4; \delta = 2$

$10^4 \cdot \varepsilon(\xi, \eta)$

| ξ\η | −9 | −8 | −7 | −6 | −5 | −4 | −3 | −2 | −1 | 0 | 1 | 2 | 3 | 4 | 5 | 6 | 7 | 8 | 9 |
|---|---|---|---|---|---|---|---|---|---|---|---|---|---|---|---|---|---|---|---|
| 0 | −12 | −13 | −14 | −12 | −1 | 36 | 164 | 673 | 3.216 | 9.533 | 2.965 | 271 | −255 | −304 | −245 | −177 | −124 | −98 | −63 |
| 1 | −12 | −13 | −15 | −12 | −4 | 27 | 127 | 469 | 1.623 | 3.120 | 1.401 | 109 | −250 | −285 | −231 | −168 | −120 | −85 | −62 |
| 2 | −13 | −13 | −14 | −14 | −9 | 12 | 58 | 185 | 429 | 548 | 264 | −77 | −225 | −243 | −190 | −145 | −108 | −76 | −57 |
| 3 | −13 | −13 | −14 | −16 | −14 | −13 | 7 | 39 | 71 | 65 | −38 | −129 | −187 | −176 | −155 | −120 | −92 | −72 | −51 |
| 4 | −12 | −13 | −15 | −18 | −19 | −18 | −18 | −16 | −21 | −42 | −80 | −117 | −136 | −132 | −115 | −94 | −74 | −58 | −46 |
| 5 | −11 | −12 | −14 | −17 | −20 | −23 | −26 | −32 | −42 | −58 | −76 | −91 | −99 | −96 | −86 | −72 | −59 | −48 | −38 |
| 6 | −10 | −12 | −14 | −16 | −19 | −22 | −27 | −33 | −45 | −48 | −63 | −69 | −72 | −66 | −67 | −55 | −47 | −39 | −32 |
| 7 | −10 | −11 | −12 | −15 | −17 | −21 | −25 | −31 | −35 | −42 | −47 | −52 | −54 | −51 | −47 | −44 | −37 | −31 | −26 |
| 8 | −8 | −10 | −12 | −14 | −16 | −18 | −22 | −25 | −29 | −33 | −36 | −38 | −39 | −38 | −36 | −33 | −29 | −25 | −22 |
| 9 | −8 | −9 | −10 | −12 | −14 | −16 | −18 | −21 | −23 | −27 | −28 | −30 | −30 | −29 | −27 | −26 | −23 | −20 | −18 |
| 10 | −7 | −8 | −9 | −10 | −12 | −14 | −15 | −17 | −19 | −20 | −22 | −23 | −23 | −23 | −22 | −20 | −18 | −17 | −15 |

Auch in diesem Falle besteht am Boden ein **kreisförmiges Gebiet mit positiver Feldstärke**, durch die Isodyname 0 getrennt vom äußeren Gebiet negative Feldstärke. Der Kreis der Isodyname 0 besitzt den (mit der Längeneinheit $h$ gemessenen) Radius $R$ und sein Mittelpunkt hat die Koordinaten $\xi = -D$, $\eta = 0$ (Fig. 6). Diese beiden Größen sind gegeben durch:

$$D = \frac{\delta}{k^{2/3}-1} \\ R^2 = D^2 + \delta D + R_0^2, \qquad (15)$$

wobei $R_0$ der für $\delta = 0$ geltende Wert ist, also identisch mit der Größe $\xi_0$ der Gleichung (6).

Einige numerische Werte enthält die Tabelle 9.

Drei numerische Beispiele für die Verteilung des Bodenfeldes enthalten die Tabellen 10, 11 und 12.

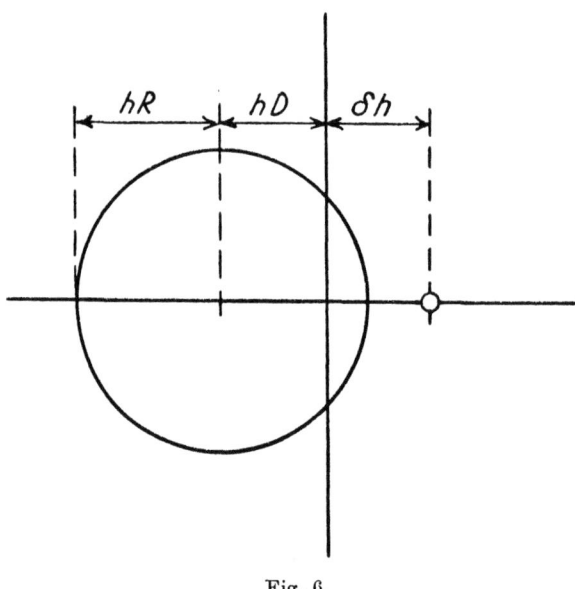

Fig. 6.

Für die Beurteilung der sprungweisen Feldänderungen am Boden bei einem Blitz innerhalb der Wolke ist die folgende Überlegung von Bedeutung:

Eine Ladung $-Q$, deren Lage zum Beobachtungsort durch die Polarkoordinaten Entfernung $r$ und Zenitdistanz $\vartheta$ bestimmt ist (vgl. Fig. 7), erzeugt dort die Feldstärke

$$E = \frac{2Q}{r^2} \cos \vartheta.$$

Konstruiert man daher eine Kurve mit der Gleichung

$$r = h\sqrt{\cos \vartheta}, \qquad (16)$$

so werden zwei Ladungen gleicher Größe, die auf dieser Kurve, bzw. auf einer entsprechenden Rotationsfläche liegen, im Beobachtungsort den gleichen Wert von $E$ liefern oder bei entgegengesetztem Vorzeichen sich in ihrer Wirkung aufheben.

Geht daher ein Wolkenblitz von einer Ladung $-Q$ im Punkte $A$ zu einer Ladung $+Q$ in einem Punkte $B$, so erfolgt im Beobachtungsort keine Änderung, wenn $B(B_0)$ auf der Kurve (Fläche) liegt, eine **Erhöhung** des Feldes, wenn $B(B')$ **innerhalb**, eine **Verringerung**, wenn $B(B'')$ **außerhalb** liegt. Bei einem von $A$ zur Erde gehenden Blitz wird zwar der **Endeffekt** immer eine **Abnahme** der Feldstärke (bei negativem Vorzeichen der Ladung in $A$)

sein, die noch nicht den Boden erreichenden Vorentladungen werden aber je nach ihrem Endpunkt positive, negative oder gar keine Änderungen hervorrufen, was bei der

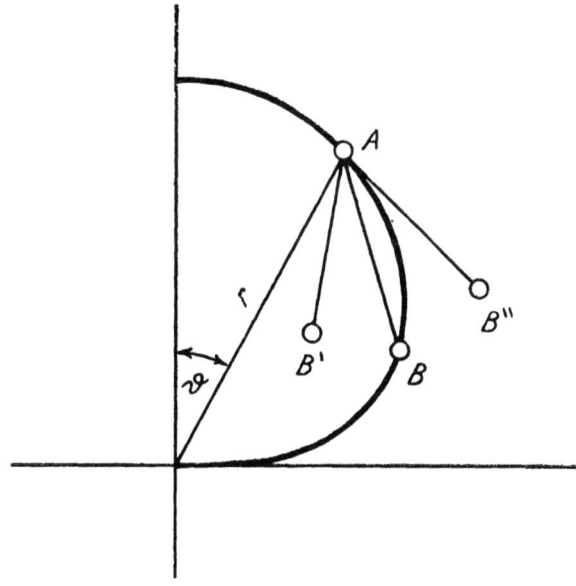

Fig. 7.

Deutung der mittels Kathodenstrahloszillographen untersuchten Feinstru
sprünge zu beachten ist. Die Koordinaten der Kurve (Gleichung 16) sind in der Tabelle 13 angegeben.

Tabelle 13.

| $\vartheta$ | $r$ | $x$ | $z$ | $\vartheta$ | $r$ | $x$ | $z$ |
|---|---|---|---|---|---|---|---|
| 0° | 1·000 | 0·000 | 1·000 | 50° | 0·802 | 0·614 | 0·516 |
| 5° | 0·998 | 0·087 | 0·994 | 55° | 0·758 | 0·621 | 0·435 |
| 10° | 0·992 | 0·173 | 0·977 | 60° | 0·707 | 0·612 | 0·354 |
| 15° | 0·983 | 0·255 | 0·950 | 65° | 0 650 | 0·589 | 0·275 |
| 20° | 0·970 | 0·332 | 0·912 | 70° | 0·585 | 0·550 | 0·190 |
| 25° | 0·952 | 0·402 | 0·863 | 75° | 0·509 | 0·491 | 0·132 |
| 30° | 0·931 | 0·465 | 0·806 | 80° | 0·417 | 0·411 | 0·072 |
| 35° | 0·905 | 0·519 | 0·741 | 85° | 0·295 | 0·294 | 0·026 |
| 40° | 0·876 | 0·563 | 0·671 | 88° | 0·186 | 0·186 | 0·006 |
| 45° | 0·841 | 0·595 | 0·595 | 90° | 0·000 | 0·000 | 0·000 |

## 7. Ungleiche Ladungen schief übereinander.

Es werde angenommen, daß bei gleicher räumlicher Anordnung wie in Textfig. 5 die obere Ladung den Betrag $+\beta Q$ habe, wobei $\beta \gtreqless 1$ sei.

Für $\beta < \dfrac{1}{k}$ bildet das von der oberen Ladung erzeugte Gebiet negativer Feldstärke einen Kreis.

Für $\beta = \dfrac{1}{k}$ wird das positive und negative Gebiet durch eine Isodyname $\varepsilon = 0$ getrennt, die eine zur $Y$-Achse parallele Gerade in der Distanz

$$\xi_0 = \frac{k^2 + \delta^2 - 1}{2\delta} \qquad (17)$$

bildet.

Für $\beta > \dfrac{1}{k}$ bildet das positive Gebiet einen Kreis. Lage des Mittelpunktes und Radius dieses Kreises sind gegeben durch die den Gleichungen (15) analogen

$$D = \dfrac{\delta}{(k\beta)^{2/3}-1} \\ R^2 = D^2 + \delta D + \dfrac{k^2 - (k\beta)^{2/3}}{(k\beta)^{2/3}-1}. \tag{18}$$

Für $\beta = k^2$ wird dann $D = \dfrac{\delta}{k^2-1}$; $R = \dfrac{\delta k}{k^2-1}$.

Mit wachsendem $\beta$ schrumpft der positive Kreis ein und verschwindet ($R = 0$), wenn die Bedingung erfüllt ist:

$$(k\beta)^{4/3} - (k\beta)^{2/3}[k^2 + 1 + \delta^2] + k^2 = 0. \tag{19}$$

Zwei Beispiele der Feldverteilung in einem quadratischen Netz enthalten die Tabellen 14 und 15.

Tabelle 14.

| $10^4 \cdot \varepsilon\,(\xi, \eta)$ bei $k = 2$; $\beta = 2$; $\delta = 2$ | | | | | | | | | | | |
|---|---|---|---|---|---|---|---|---|---|---|---|
| $\eta \backslash \xi$ | −5 | −4 | −3 | −2 | −1 | 0 | 1 | 2 | 3 | 4 | 5 | 6 |
| 0 | −83 | −113 | −131 | −40 | 1.768 | 6.422 | −1.464 | −2.684 | −1.452 | −711 | −372 | −212 |
| 1 | −81 | −113 | −142 | −84 | 443 | 764 | −1.653 | −2.092 | −1.208 | −633 | −345 | −200 |
| 2 | −76 | −107 | −149 | −200 | −282 | −558 | −1.088 | −1.112 | −773 | −466 | −279 | −173 |
| 3 | −68 | −97 | −135 | −196 | −297 | −448 | −580 | −544 | −449 | −312 | −208 | −140 |
| 4 | −64 | −79 | −110 | −152 | −209 | −273 | −316 | −312 | −265 | −203 | −148 | −106 |
| 5 | −48 | −64 | −84 | −111 | −140 | −169 | −185 | −183 | −163 | −135 | −106 | −80 |
| 6 | −40 | −50 | −64 | −78 | −94 | −108 | −115 | −114 | −105 | −91 | −76 | −60 |

Tabelle 15.

| $10^4 \cdot \varepsilon\,(\xi, \eta)$ bei $k = 2$; $\beta = \tfrac{1}{2}$; $\delta = 1$ | | | | | | | | | | |
|---|---|---|---|---|---|---|---|---|---|---|
| $\eta \backslash \xi$ | −4 | −3 | −2 | −1 | 0 | 1 | 2 | 3 | 4 | 5 | 6 |
| 0 | 79 | 204 | 681 | 3.094 | 9.106 | 2.286 | 0 | −126 | −70 | −37 | −20 |
| 1 | 70 | 170 | 489 | 1.555 | 2.843 | 1.031 | 0 | −96 | −60 | −33 | −18 |
| 2 | 51 | 106 | 227 | 439 | 524 | 238 | 0 | −50 | −39 | −24 | −15 |
| 3 | 32 | 57 | 94 | 131 | 125 | 61 | 0 | −22 | −21 | −16 | −11 |
| 4 | 20 | 32 | 40 | 46 | 39 | 19 | 0 | −10 | −11 | −10 | −7 |
| 5 | 14 | 15 | 18 | 18 | 14 | 7 | 0 | −5 | −6 | −6 | −5 |

### 8. Eine Ladung zwischen zwei leitenden Ebenen.

Bisher war bloß der Boden als gutleitende Ebene vorausgesetzt. Die Verteilung des Feldes am Boden wird merklich geändert, wenn sich in einer mit der Höhe $h$ der Ladung vergleichbaren Höhe ebenfalls eine gut leitende Schicht befindet. Die Höhe der Ionosphäre ist allerdings so groß, daß ihr Einfluß praktisch vernachlässigt werden kann, aber die nach oben zunehmende Leitfähigkeit der Atmosphäre bewirkt, daß in Höhen von etwa 8 km aufwärts ein bestehendes Feld ziemlich rasch zusammenbricht und daß daher die Verhältnisse ähnlich sind, wie wenn sich eine sehr gut leitende Schicht allmählich (innerhalb einiger Minuten) tiefer senken würde.

Die exakte Lösung des Problems des zeitlichen Verlaufes des elektrischen Feldes, das von gegebenen Ladungen in einem Medium mit räumlich variabler Leitfähigkeit erzeugt wird, führt auf große mathematische Schwierigkeiten außer in dem (hier nicht erfüllten) Falle, daß überall $\mathfrak{E} \parallel \operatorname{grad} \Lambda$, d. h. die Feldstärke überall parallel zum Gradienten der Leitfähigkeit ist.

Es werde also angenommen, daß zwischen zwei leitenden Ebenen, deren Abstand mit $a$ bezeichnet werde, in der Höhe $h$ eine negative Ladung $-Q$ liege. Mittels des bekannten Spiegelungsverfahrens ergibt sich, daß im Fußpunkt der Ladung die Feldstärke $E_0$ gegeben ist durch:

$$E_0 = E^* \left[ 1 - \frac{1}{\left(\frac{2a}{h}-1\right)^2} + \frac{1}{\left(\frac{2a}{h}+1\right)^2} - \cdots - \frac{1}{\left(\frac{2na}{h}-1\right)^2} + \frac{1}{\left(\frac{2na}{h}+1\right)^2} - \cdots \right], \quad (20)$$

wobei $E^* = \dfrac{2Q}{h^2}$ die Feldstärke bezeichnet, die bei Abwesenheit der oberen Ebene im Fußpunkt vorhanden wäre.

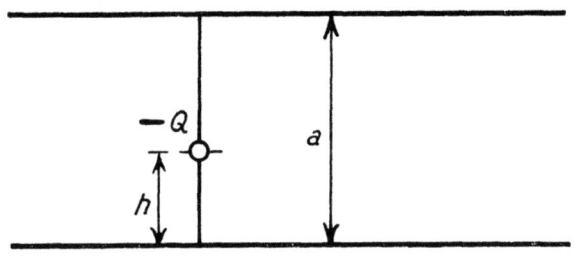

Fig. 8.

Bezeichnet man die im Klammerausdruck stehenden Nenner der Reihe nach mit $N_1^2$, $N_2^2 \ldots N_i^2 \ldots$, so erhält man für die Feldstärke $E(\xi)$ in der Entfernung $x = \xi h$ vom Fußpunkt die Formel

$$E(\xi) = E^* \left[ f(\xi) - \frac{1}{N_1^2} f\left(\frac{\xi}{N_1}\right) + \frac{1}{N_2^2} f\left(\frac{\xi}{N_2}\right) - \cdots \right], \quad (21)$$

wobei $f(\xi) = (1+\xi^2)^{-3/2}$ wieder die Funktion der Tabelle 1 ist.

Für $\xi < 1$ liefert die ziemlich langsam konvergierende Reihe immerhin aus etwa 20 Gliedern einen genügend genauen numerischen Wert, für $\xi > 1$ wird aber die Konvergenz eine sehr langsame.

Tabelle 16.

| $n$ | $H(n\pi)$ | $n$ | $H(n\pi)$ | $n$ | $H(n\pi)$ | $n$ | $H(n\pi)$ |
|---|---|---|---|---|---|---|---|
| $1/8$ | 0·7197 | $13/8$ | 0·0020$_9$ | $1/6$ | 0·5643 | $13/6$ | 3·27.10$^{-4}$ |
| $2/8$ | 0·3681 | $14/8$ | 0·0013$_6$ | $2/6$ | 0·2507 | $14/6$ | 1·97.10$^{-4}$ |
| $3/8$ | 0·2089 | $15/8$ | 8·92.10$^{-4}$ | $1/2$ | 0·1242 | $5/2$ | 1·12.10$^{-4}$ |
| $1/2$ | 0·1242 | 2 | 6·05.10$^{-4}$ | $4/6$ | 0·0646$_3$ | $16/6$ | 0·64.10$^{-4}$ |
| $5/8$ | 0·0758$_3$ | $17/8$ | 3·83.10$^{-4}$ | $5/6$ | 0·0345$_2$ | $17/6$ | 0·33.10$^{-4}$ |
| $6/8$ | 0·0471$_0$ | $18/8$ | 2·49.10$^{-4}$ | 1 | 0·0187$_9$ | 3 | 0·21.10$^{-4}$ |
| $7/8$ | 0·0299$_5$ | $19/8$ | 1·52.10$^{-4}$ | $7/6$ | 0·0103$_5$ | $7/2$ | 4·10$^{-6}$ |
| 1 | 0·0187$_9$ | $5/2$ | 1·12.10$^{-4}$ | $8/6$ | 0·0057$_5$ | 4 | $< 10^{-6}$ |
| $9/8$ | 0·0120$_1$ | $21/8$ | 0·74.10$^{-4}$ | $3/2$ | 0·0032$_2$ | $9/2$ | $< 2.10^{-7}$ |
| $10/8$ | 0·0077$_1$ | $22/8$ | 0·49.10$^{-4}$ | $10/6$ | 0·0018$_2$ | 5 | $< 6.10^{-8}$ |
| $11/8$ | 0·0049$_7$ | $23/8$ | 0·32.10$^{-4}$ | $11/6$ | 0·0010$_3$ | | |
| $3/2$ | 0·0032$_2$ | 3 | 0·21.10$^{-4}$ | 2 | 6·05.10$^{-4}$ | | |

Für diesen Fall hat W. Wirtinger[1] gezeigt, daß man durch die Einführung der Hankelschen Funktion $i H_0^1 (u i)$ die sehr rasch konvergierende Reihe erhält

$$E(\xi) = E^* \frac{\pi^2 h^2}{a^2} \sum_1^\infty i H_0^1 \left( \frac{\nu \pi h \xi i}{a} \right) \cdot \nu \cdot \sin \frac{\nu \pi h}{a}. \tag{22}$$

Für diese Hankel-Funktion, die weiterhin zur Abkürzung mit $H(u)$ bezeichnet werden soll, liegen Tabellen vor (z. B. in Jahnke-Emde, 2. Aufl. 1933, S. 286 ff.). Da hier aber $H(u)$ für irrationale Werte des Argumentes berechnet werden muß, enthält die Tabelle 16 abgerundete interpolierte Werte für die in Betracht kommenden Argumentwerte von der Form $u = \frac{m \pi}{n}$.

Für $h = 1$ und $a = \infty$, 4, 3, 2, $3/2$ und $4/3$ sowie für $h' = 2$ und $a = 3$ und für $h' = 3$, $a = 4$ sind die numerischen Werte von $\varepsilon(\xi) = \frac{E(\xi)}{E^*}$ in der Tabelle 17 zusammengestellt (s. auch Tafel III).

Tabelle 17.

| $x$ | I<br>$h=1$<br>$a=4/3$ | II<br>$h=1$<br>$a=3/2$ | III<br>$h=1$<br>$a=2$ | IV<br>$h=1$<br>$a=3$ | V<br>$h=1$<br>$a=4$ | VI<br>$h=1$<br>$a=\infty$ | VII<br>$h=2$<br>$a=3$ | VIII<br>$h=2$<br>$a=4$ | IX<br>$h=3$<br>$a=4$ |
|---|---|---|---|---|---|---|---|---|---|
| 0   | 0·6700 | 0·7812 | 0·9160 | 0·9766 | 0·9905 | 1·0000 | 0·1953 | 0·2290 | 0·0744 |
| 0·5 | 0·4271 | 0·5176 | 0·6357 | 0·6939 | 0·7059 | 0·7155 | 0·1757 | 0·2076 | 0·0700 |
| 1   | 0·1164 | 0·2028 | 0·2840 | 0·3321 | 0·3444 | 0·3536 | 0·1294 | 0·1589 | 0·0607 |
| 1·5 | 0·0441 | 0·0668 | 0·1159 | 0·1508 | 0·1619 | 0·1707 | 0·0841 | —      | 0·0474 |
| 2   | 0·0124 | 0·0213 | 0·0463 | 0·0718 | 0·0813 | 0·0894 | 0·0507 | 0·0710 | 0·0351 |
| 3   | 0·0010 | 0·0023 | 0·0080 | 0·0190 | 0·0248 | 0·0316 | 0·0167 | 0·0290 | 0·0170 |
| 4   | 0·0001 | 0·0002 | 0·0015 | 0·0056 | 0·0090 | 0·0143 | 0·0053 | 0·0116 | 0·0075 |
| 5   | $10^{-5}$ | $2 \cdot 10^{-5}$ | 0·0003 | 0·0017 | 0·0035 | 0·0075 | 0·0017 | — | 0·0032 |
| 6   | $<10^{-5}$ | $<10^{-5}$ | $5 \cdot 10^{-5}$ | 0·0006 | 0·0014 | 0·0044 | 0·0006 | 0·0020 | 0·0014 |
| 7   |        |        | $<10^{-5}$ | 0·0002 | 0·0006 | 0·0028 | 0·0002 | — | 0·0006 |
| 8   |        |        | $6 \cdot 10^{-5}$ | 0·0002$_6$ | 0·0019 | 0·0000$_6$ | | 0·0003$_7$ | 0·0002$_6$ |

Charakteristisch ist der sehr rasche Abfall von $\varepsilon(\xi)$ mit wachsendem $\xi$.

Ist $\varepsilon(\xi)$ für die Werte $h$ und $a$ gegeben, so findet man für die Werte $h' = nh$, $a' = na$

$$\varepsilon'(\xi) = \frac{1}{n^2} \varepsilon\left(\frac{\xi}{n}\right). \tag{23}$$

Der Gesamtbetrag der an der unteren und an der oberen Ebene von $-Q$ influenzierten Ladungen ist bekanntlich:

$$Q_\mathrm{I} = Q \frac{a-h}{a} \quad \text{und} \quad Q_\mathrm{II} = Q \frac{h}{a}. \tag{24}$$

## 9. Zwei gleiche Ladungen vertikal übereinander zwischen zwei leitenden Ebenen.

Es sei $-Q$ in der Höhe $h$, $+Q$ in der Höhe $kh$ gegeben. Analog den in Abschnitt 4 behandelten Fällen ergibt sich auch hier die resultierende Feldstärke aus $\varepsilon(\xi) = \varepsilon_h(\xi) - \varepsilon_{kh}(\xi)$. Die Anwesenheit der oberen leitenden Ebene bedingt aber merkliche Änderungen im Ergebnis.

Während im früheren Falle immer ein kreisförmiges Gebiet positiver Feldstärke, umgeben von einem äußeren negativen Gebiet, vorhanden ist, gelten jetzt die Sätze:

1. Ist $h = (a-kh)$, d. h. liegen die beiden Ladungen symmetrisch zu den beiden leitenden Ebenen, so ist das Feld am Boden überall positiv, mit wachsendem $\xi$ asymptotisch (und

---

[1] W. Wirtinger, Sitzber. d. Akad. d. Wiss. Wien, 145, 95, 1936.

zwar sehr rasch) gegen Null abnehmend, das Feld an der oberen Ebene entgegengesetzt gleich groß. Wie leicht ersichtlich, ist der absolute Betrag der Feldstärke dabei derselbe, wie er bei einer Ladung in der Höhe $h$ zwischen zwei Ebenen vom Abstand $a/2$ wäre.

2. Ist $h > (a-kh)$, d. h. liegt die obere Ladung näher an der oberen Ebene als die untere vom Boden, so ist ebenfalls das Bodenfeld durchwegs positiv, während an der oberen Ebene bei wachsendem $\xi$ ein Vorzeichenwechsel eintritt.

3. Ist $h < (a-kh)$, so erfolgt analog wie im Abschnitt 4 am Boden der Vorzeichenwechsel zwischen innerem positiven und äußerem negativen Feld, dagegen kein Wechsel im Feld an der oberen Ebene.

Zur Veranschaulichung sind einige Fälle in Tabelle 18 berechnet, wobei zum Vergleich die Funktionen $\Phi_k$ des Abschnittes 4 (entsprechend $a = \infty$) mitangeführt sind.

Tabelle 18.

| $\xi$ | $h=1$ $k=2$ $a=3$ | $h=1$ $k=2$ $a=4$ | $h=1$ $k=2$ $a=\infty$ | $h=1$ $k=3$ $a=4$ | $h=1$ $k=3$ $a=\infty$ | $h=1$ $k=1{\cdot}5$ $a=2$ | $h=1$ $k=1{\cdot}5$ $a=\infty$ |
|---|---|---|---|---|---|---|---|
| 0 | + 0·7812 | + 0·7615 | + 0·7500 | + 0·9160 | + 0·8889 | + 0·6184 | + 0·5556 |
| 1 | 0·2028 | 0·1855 | 0·1747 | 0·2840 | 0·2528 | 0·3928 | + 0·0976 |
| 2 | 0·0213 | + 0·0103 | + 0·0012 | 0·0463 | + 0·0254 | 0·1436 | − 0·0066 |
| 3 | 0·0023 | − 0·0001 | − 0·0111 | 0·0080 | − 0·0077 | 0·0480 | 0·0081 |
| 4 | 0·0002$_3$ | 0·0026 | 0·0081 | 0·0015 | 0·0097 | 0·0164 | 0·0050 |
| 5 | 2·10$^{-5}$ | — | 0·0053 | 0·0003 | 0·0076 | — | — |
| 6 | < 10$^{-5}$ | 0·0006 | 0·0035 | 0·0000$_5$ | 0·0055 | 0·0057 | 0·0019 |
| 8 | — | 0·0001 | 0·0017 | < 10$^{-5}$ | 0·0028 | 0·0012 | 0·0009 |

### 10. Zwei ungleiche Ladungen vertikal übereinander zwischen zwei leitenden Ebenen.

Wie im Abschnitt 5 ausgeführt wurde, schrumpft das von der unteren Ladung ($-Q$ in der Höhe $h$) erzeugte kreisförmige Gebiet positiven Bodenfeldes ein, wenn für die obere Ladung ($+\beta Q$, $h' = kh$) der Faktor $\beta$ wächst, und es verschwindet ganz, wenn $\beta \geq k^2$ ist. Dies gilt für Vorhandensein nur einer leitenden Ebene, bzw. für zwei Ebenen bei $a = \infty$.

Bei endlichem $a$ muß der Faktor $\beta$ größer sein, wenn das positive Innenfeld verschwinden soll, z. B.

für $h=1$, $h'=kh=2h$, $a=3$ bei $\beta \geq 5$
für $h=1$, $h'=k=3h$, $a=4$ bei $\beta \geq 13{\cdot}3$.

Ebenso muß $\beta > \dfrac{1}{k}$ $\left(\text{statt } \beta = \dfrac{1}{k}\right)$ sein, damit das negative äußere Feld verschwindet. Wie bereits erwähnt, tritt dies bei symmetrischer Anordnung (vgl. S. 18) bei $\beta = 1$ ein.

### 11. Zwei gleiche Ladungen schief übereinander zwischen zwei leitenden Ebenen.

In analoger Weise treten gegenüber den im Abschnitt 6 behandelten Fällen durch die Anwesenheit der zweiten leitenden Ebene merkliche Abweichungen in der Feldverteilung ein. Wie dort gezeigt wurde, ist bei einer leitenden Ebene auch bei schief übereinanderliegenden Ladungen (gleicher Größe) stets ein kreisförmiges Gebiet positiver Feldstärke vorhanden. Radius und Mittelpunktabstand des Kreises der Isodyname $\varepsilon = 0$ waren dort durch die Gleichung (15) bestimmt.

Bei Anwesenheit der oberen leitenden Fläche ist in Fällen, wo der Abstand $a$ nicht groß gegen $h$ und $h' = kh$ ist, das Gebiet positiven Feldes nicht eine geschlossene Fläche, sondern erstreckt sich ins Unendliche.

Drei Beispiele für die Feldverteilung längs der $X$-Achse gibt die Tabelle 19.

Tabelle 19.

| ξ | k = 2, a = 3, δ = 1 | k = 3, a = 4, δ = 1 | k = 2, a = 4, δ = 1 | ξ | k = 2, a = 3, δ = 1 | k = 3, a = 4, δ = 1 | k = 2, a = 4, δ = 1 |
|---|---|---|---|---|---|---|---|
| −7 | + 0·0001 | + 0·0003 | + 0·0002 | 0·5 | 0·5197 | 0·6368 | — |
| −6 | 0·0004 | 0·0008 | — | 1 | + 0·1342 | 0·2700 | + 0·1154 |
| −5 | 0·0012 | 0·0024 | 0·0015 | 1·5 | − 0·0240 | 0·0928 | — |
| −4 | 0·0039 | 0·0058 | — | 2 | 0·0576 | + 0·0207 | − 0·0745 |
| −3 | 0·0137 | 0·0214 | 0·0173 | 3 | 0·0315 | − 0·0062 | 0·0421 |
| −2 | 0·0551 | 0·0644 | 0·0524 | 4 | 0·0111 | 0·0080 | 0·0200 |
| −1 | 0·2815 | 0·3093 | 0·2734 | 5 | 0·0036 | 0·0040 | 0·0081 |
| −0·5 | 0·6105 | 0·6584 | — | 6 | 0·0017 | 0·0018 | — |
| 0 | 0·8472 | 0·9298 | 0·8316 | 7· | 0·0006 | 0·0008 | 0·0014 |

## 12. Flächenförmige Ladungen.

Bisher war vorausgesetzt, daß die felderzeugenden Ladungen kugelförmig, bzw. durch Punktladungen ersetzbar seien.

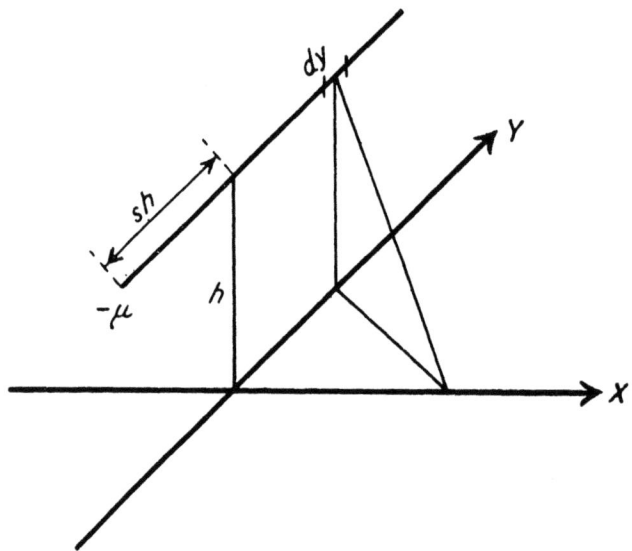

Fig. 9.

Für die Berechnung des Feldsprunges bei einer Blitzentladung ist diese Annahme zweckmäßig, da voraussichtlich bei einem Blitz verhältnismäßig kleine Gebiete ihre Raumladung verlieren. Für die Darstellung des Bodenfeldes, das von der ganzen Gewitterwolke erzeugt wird, liefert aber wahrscheinlich mit Rücksicht auf die große horizontale Ausdehnung einer solchen Wolke die Annahme flächenhaft verteilter Ladungen eine bessere Annäherung.

Das Nächstliegende wäre nun, geladene Kreisflächen, bzw. dünne Kreisscheiben anzunehmen; die numerische Berechnung des Feldes wird aber dann sehr langwierig (vgl. Abschnitt 17), so daß zunächst die Annahme eingeführt werden soll, daß die Ladungen mit konstanter Flächendichte über eine quadratische Fläche verteilt sind.

Bei dieser Annahme geht zwar die axiale Symmetrie verloren, aber die Verteilung des Feldes längs der den Quadratseiten parallelen Achsen läßt sich durch entsprechende Integrationen in geschlossener Form ausdrücken; auch zeigt sich, daß die Abweichungen von der axialen Symmetrie nicht sehr bedeutend sind.

Zur Durchführung der erwähnten Integrationen sind zunächst zwei Voraufgaben zu lösen.

### a) Feld einer horizontalen Linie.

In der Höhe $h$ über dem Boden befinde sich eine horizontale, zur $Y$-Achse parallele Linie von der Länge $2sh$, die je Längeneinheit die Ladung $-\mu$ besitze (Fig. 9). In einem auf der $X$-Achse in der Entfernung $x = \xi h$ gelegenen Punkte erzeugt diese geladene Linie zusammen mit ihrem elektrischen Bilde die positive (aufwärts gerichtete) Feldstärke

$$E(\xi) = 2\int_0^{sh} \frac{2\mu\,dy\cdot h}{(h^2+x^2+y^2)^{3/2}} = \frac{4\mu}{h}\int_0^{s} \frac{d\eta}{(1+\xi^2+\eta^2)^{3/2}} = \frac{4\mu}{h}\cdot\frac{1}{1+\xi^2}\cdot\frac{s}{\sqrt{1+\xi^2+s^2}}. \quad (25)$$

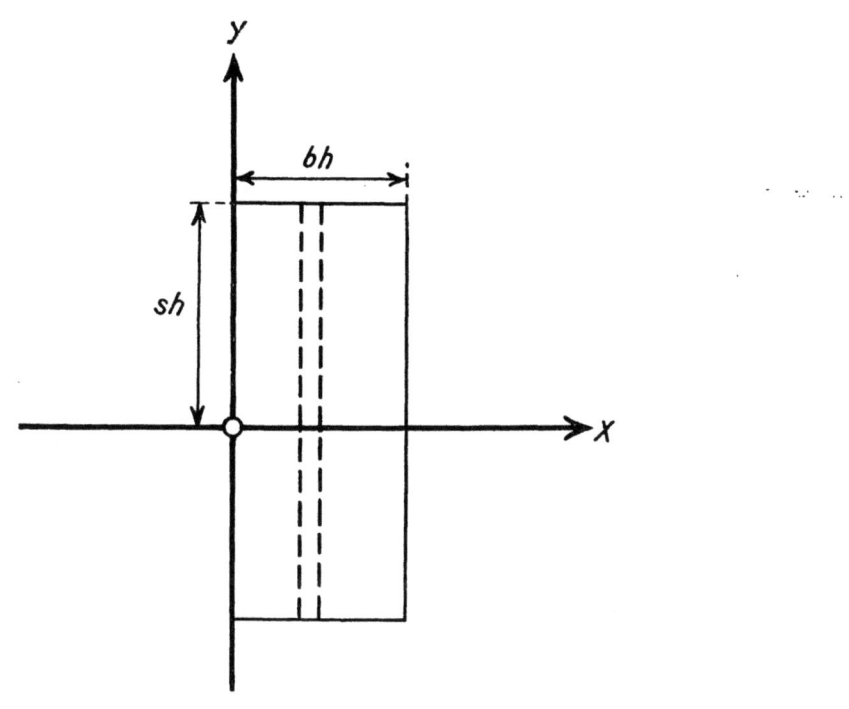

Fig. 10.

### b) Feld eines horizontalen Rechteckes.

Eine horizontale rechteckige Fläche von der Länge $2\,sh$ und der Breite $b\,h$ in der Höhe $h$ über dem Boden habe die Flächendichte $-\sigma$. Die Textfig. 10 stellt die Projektion dieser Fläche auf dem Boden dar.

Gefragt wird nach der Feldstärke $E_0$ im Ursprung des Koordinatensystems. Aus dem Vorstehenden ergibt sich, indem $\mu = \sigma dx = \sigma h d\xi$ gesetzt wird:

$$\left.\begin{aligned}E_0(b, s) &= 4\sigma s \int_0^b \frac{d\xi}{(1+\xi^2)\sqrt{1+\xi^2+s^2}} \\ &= 2\sigma\left\{\arcsin\left[\frac{s^2-1}{s^2+1}-\frac{2s^2}{(1+b^2)(s^2+1)}\right]-\frac{\pi}{2}\right\} \\ &= \pi\sigma\left[\frac{2}{\pi}\arcsin K(b,s)-1\right] = \pi\sigma A(b,s)\end{aligned}\right\} \quad (26)$$

wenn abkürzend

$$K(b, s) = \frac{s^2-1}{s^2+1} - \frac{2s^2}{(1+b^2)(s^2+1)}$$

gesetzt wird.

Da $E_0(b, s) = 4\pi\sigma'$ ist, wenn $\sigma'$ die Flächendichte der Influenzladung im Ursprung ist folgt weiter:

$$\sigma'/\sigma = \frac{1}{4} A(b, s). \tag{27}$$

Die folgenden Tabellen 20 bis 27 enthalten die numerischen Werte von $K(b, s)$ und $A(b, s)$ für $s = \frac{1}{2}$, 1, 2, 3, 4, 5, 10, $\infty$.

Tabelle 20.

| | | | | | | | | | | | |
|---|---|---|---|---|---|---|---|---|---|---|---|
| \multicolumn{12}{c|}{$S = 0.5$} |
| $b$ | $K(b,s)$ | $A(b,s)$ | $b$ | $K(b,s)$ | $A(b,s)$ | $b$ | $K(b,s)$ | $A(b,s)$ | $b$ | $K(b,s)$ | $A(b,s)$ |
| 0 | −1.0000 | 0.0000 | 1.3 | −0.7487 | 0.4613 | 2.6 | −0.6515 | 0.5482 | 7.5 | −0.6070 | 0.5848 |
| 0.1 | 0.9960 | 0.0570 | 1.4 | 0.7351 | 0.4742 | 2.7 | 0.6482 | 0.5510 | 8.0 | 0.6062 | 0.5853 |
| 0.2 | 0.9846 | 0.1119 | 1.5 | 0.7231 | 0.4853 | 2.8 | 0.6452 | 0.5536 | 8.5 | 0.6055 | 0.5858 |
| 0.3 | 0.9670 | 0.1641 | 1.6 | 0.7124 | 0.4952 | 2.9 | 0.6425 | 0.5558 | 9.0 | 0.6049 | 0.5863 |
| 0.4 | 0.9448 | 0.2114 | 1.7 | 0.7028 | 0.5039 | 3.0 | 0.6400 | 0.5579 | 9.5 | 0.6044 | 0.5868 |
| 0.5 | 0.9200 | 0.2563 | 1.8 | 0.6943 | 0.5114 | 3.5 | 0.6302 | 0.5659 | 10.0 | 0.6040 | 0.5872 |
| 0.6 | 0.8941 | 0.2958 | 1.9 | 0.6868 | 0.5170 | 4.0 | 0.6235 | 0.5713 | 10.5 | 0.6036 | 0.5875 |
| 0.7 | 0.8684 | 0.3303 | 2.0 | 0.6800 | 0.5239 | 4.5 | 0.6198 | 0.5744 | 11.0 | 0.6033 | 0.5878 |
| 0.8 | 0.8439 | 0.3606 | 2.1 | 0.6739 | 0.5292 | 5.0 | 0.6154 | 0.5780 | 12.0 | 0.6028 | 0.5881 |
| 0.9 | 0.8210 | 0.3856 | 2.2 | 0.6685 | 0.5339 | 5.5 | 0.6128 | 0.5801 | 20.0 | 0.6010 | 0.5897 |
| 1.0 | 0.8000 | 0.4097 | 2.3 | 0.6636 | 0.5407 | 6.0 | 0.6108 | 0.5817 | 30.0 | 0.6004 | 0.5900 |
| 1.1 | 0.7810 | 0.4292 | 2.4 | 0.6592 | 0.5429 | 6.5 | 0.6092 | 0.5830 | $\infty$ | 0.6000 | 0.5903 |
| 1.2 | 0.7639 | 0.4464 | 2.5 | 0.6552 | 0.5452 | 7.0 | 0.6080 | 0.5841 | | | |

Tabelle 21.

| | | | | | | | | | | | |
|---|---|---|---|---|---|---|---|---|---|---|---|
| \multicolumn{12}{c|}{$S = 1$} |
| $b$ | $K(b,s)$ | $A(b,s)$ | $b$ | $K(b,s)$ | $A(b,s)$ | $b$ | $K(b,s)$ | $A(b,s)$ | $b$ | $K(b,s)$ | $A(b,s)$ |
| 0 | −1.0000 | 0.0000 | 1.4 | −0.3378 | 0.7841 | 2.7 | −0.1206 | 0.9230 | 7.0 | −0.0200 | 0.9872 |
| 0.1 | 0.9901 | 0.0892 | 1.5 | 0.3077 | 0.8009 | 2.8 | 0.1131 | 0.9278 | 8.0 | 0.0154 | 0.9902 |
| 0.2 | 0.9615 | 0.1772 | 1.6 | 0.2809 | 0.8187 | 2.9 | 0.1063 | 0.9322 | 9.0 | 0.0122 | 0.9922 |
| 0.3 | 0.9174 | 0.2761 | 1.7 | 0.2571 | 0.8344 | 3.0 | 0.1000 | 0.9361 | 10.0 | 0.0099 | 0.9937 |
| 0.4 | 0.8621 | 0.3439 | 1.8 | 0.2358 | 0.8486 | 3.1 | 0.0942 | 0.9378 | 11.0 | 0.0082 | 0.9948 |
| 0.5 | 0.8000 | 0.4097 | 1.9 | 0.2169 | 0.8605 | 3.2 | 0.0890 | 0.9433 | 12.0 | 0.0069 | 0.9956 |
| 0.6 | 0.7353 | 0.4741 | 2.0 | 0.2000 | 0.8763 | 3.3 | 0.0841 | 0.9464 | 14.0 | 0.0050$_8$ | 0.9968 |
| 0.7 | 0.6711 | 0.5317 | 2.1 | 0.1848 | 0.8817 | 3.4 | 0.0796 | 0.9493 | 16.0 | 0.0038$_9$ | 0.9975 |
| 0.8 | 0.6098 | 0.5824 | 2.2 | 0.1712 | 0.8906 | 3.5 | 0.0755 | 0.9519 | 19.0 | 0.0027$_6$ | 0.9982 |
| 0.9 | 0.5525 | 0.6274 | 2.3 | 0.1590 | 0.8983 | 4.0 | 0.0588 | 0.9626 | 20.0 | 0.0024$_9$ | 0.9984 |
| 1.0 | 0.5000 | 0.6667 | 2.4 | 0.1479 | 0.9056 | 4.5 | 0.0494 | 0.9686 | 21.0 | 0.0022$_7$ | 0.9986 |
| 1.1 | 0.4525 | 0.7011 | 2.5 | 0.1379 | 0.9119 | 5.0 | 0.0385 | 0.9742 | 30.0 | 0.0011$_1$ | 0.9993 |
| 1.2 | 0.4098 | 0.7311 | 2.6 | 0.1289 | 0.9178 | 6.0 | 0.0270 | 0.9828 | $\infty$ | 0.0000 | 1.0000 |
| 1.3 | 0.3718 | 0.7592 | | | | | | | | | |

## Tabelle 22.

| \multicolumn{12}{|c|}{$S = 2$} |
|---|---|---|---|---|---|---|---|---|---|---|---|
| $b$ | $K(b,s)$ | $A(b,s)$ | $b$ | $K(b,s)$ | $A(b,s)$ | $b$ | $K(b,s)$ | $A(b,s)$ | $b$ | $K(b,s)$ | $A(b,s)$ |
| 0   | − 1·0000 | 0·0000 | 1·7 | + 0·1887 | 0·1209 | 3·3 | + 0·4654 | 1·3081 | 6·5 | + 0·5630 | 1·3808 |
| 0·1 | 0·9842 | 0·1133 | 1·8 | 0·2226 | 0·1430 | 3·4 | 0·4726 | 1·3133 | 7·0 | 0·5680 | 1·3847 |
| 0·2 | 0·9385 | 0·2244 | 1·9 | 0·2529 | 0·1628 | 3·5 | 0·4792 | 1·3181 | 7·5 | 0·5721 | 1·3878 |
| 0·3 | 0·8679 | 0·3309 | 2·0 | 0·2800 | 0·1808 | 3·6 | 0·4854 | 1·3225 | 8·0 | 0·5754 | 1·3903 |
| 0·4 | 0·7793 | 0·4421 | 2·1 | 0·3043 | 1·1958 | 3·7 | 0·4911 | 1·3270 | 8·5 | 0·5782 | 1·3924 |
| 0·5 | 0·6800 | 0·5241 | 2·2 | 0·3260 | 1·2114 | 3·8 | 0·4964 | 1·3309 | 9·0 | 0·5805 | 1·3942 |
| 0·6 | 0·5765 | 0·6089 | 2·3 | 0·3465 | 1·2247 | 3·9 | 0·5013 | 1·3344 | 10 | 0·5842 | 1·3970 |
| 0·7 | 0·4738 | 0·6859 | 2·4 | 0·3634 | 1·2369 | 4·0 | 0·5059 | 1·3376 | 11 | 0·5868 | 1·3992 |
| 0·8 | 0·3757 | 0·7548 | 2·5 | 0·3793 | 1·2475 | 4·1 | 0·5102 | 1·3409 | 12 | 0·5890 | 1·4001 |
| 0·9 | 0·2840 | 0·8167 | 2·6 | 0·3938 | 1·2577 | 4·2 | 0·5142 | 1·3439 | 13 | 0·5906 | 1·4022 |
| 1·0 | 0·2000 | 0·8718 | 2·7 | 0·4070 | 1·2669 | 4·3 | 0·5179 | 1·3466 | 14 | 0·5919 | 1·4033 |
| 1·1 | 0·1240 | 0·9209 | 2·8 | 0·4190 | 1·2752 | 4·4 | 0·5214 | 1·3514 | 15 | 0·5929 | 1·4041 |
| 1·2 | − 0·0557 | 0·9644 | 2·9 | 0·4300 | 1·2830 | 4·5 | 0·5247 | 1·3517 | 16 | 0·5938 | 1·4048 |
| 1·3 | + 0·0052 | 1·0033 | 3·0 | 0·4400 | 1·2900 | 5·0 | 0·5385 | 1·3620 | 20 | 0·5960 | 1·4064 |
| 1·4 | 0·0595 | 0·0380 | 3·1 | 0·4492 | 1·2965 | 5·5 | 0·5488 | 1·3698 | 22 | 0·5967 | 1·4070 |
| 1·5 | 0·1077 | 0·0687 | 3·2 | 0·4576 | 1·3026 | 6·0 | 0·5568 | 1·3759 | ∞ | 0·6000 | 1·4097 |
| 1·6 | 0·1506 | 0·0965 |   |   |   |   |   |   |   |   |   |

## Tabelle 23.

| \multicolumn{12}{|c|}{$S = 3$} |
|---|---|---|---|---|---|---|---|---|---|---|---|
| $b$ | $K(b,s)$ | $A(b,s)$ | $b$ | $K(b,s)$ | $A(b,s)$ | $b$ | $K(b,s)$ | $A(b,s)$ | $b$ | $K(b,s)$ | $A(b,s)$ |
| 0   | − 1·0000 | 0·0000 | 1·6 | + 0·2944 | 1·1902 | 4·2 | + 0·7035 | 1·4968 | 8·0 | + 0·7723 | 1·5619 |
| 0·1 | 0·9822 | 0·1203 | 1·7 | 0·3373 | 1·2192 | 4·5 | 0·7153 | 1·5074 | 8·1 | 0·7730 | 1·5624 |
| 0·2 | 0·9307 | 0·2383 | 1·8 | 0·3756 | 1·2452 | 4·8 | 0·7251 | 1·5164 | 8·4 | 0·7748 | 1·5643 |
| 0·3 | 0·8514 | 0·3514 | 1·9 | 0·4095 | 1·2667 | 5·0 | 0·7307 | 1·5217 | 8·7 | 0·7765 | 1·5660 |
| 0·4 | 0·7518 | 0·4583 | 2·0 | 0·4400 | 1·2900 | 5·1 | 0·7334 | 1·5241 | 9·0 | 0·7780 | 1·5676 |
| 0·5 | 0·6400 | 0·5578 | 2·1 | 0·4673 | 1·3097 | 5·4 | 0·7403 | 1·5307 | 10·0 | 0·7822 | 1·5719 |
| 0·6 | 0·4765 | 0·6837 | 2·2 | 0·4918 | 1·3274 | 5·5 | 0·7424 | 1·5326 | 10·5 | 0·7838 | 1·5734 |
| 0·7 | 0·4080 | 0·7234 | 2·4 | 0·5338 | 1·3586 | 5·7 | 0·7462 | 1·5344 | 12·0 | 0·7876 | 1·5770 |
| 0·8 | 0·2976 | 0·8076 | 2·5 | 0·5518 | 1·3720 | 6·0 | 0·7514 | 1·5412 | 15·0 | 0·7920 | 1·5819 |
| 0·9 | 0·1945 | 0·8753 | 2·7 | 0·5829 | 1·3961 | 6·3 | 0·7558 | 1·5454 | 20·0 | 0·7955 | 1·5856 |
| 1·0 | 0·1000 | 0·9363 | 3·0 | 0·6200 | 1·4258 | 6·5 | 0·7584 | 1·5480 | 25·0 | 0·7971 | 1·5874 |
| 1·1 | − 0·0145 | 0·9991 | 3·3 | 0·6486 | 1·4493 | 6·6 | 0·7596 | 1·5492 | 30·0 | 0·7980 | 1·5881 |
| 1·2 | + 0·0624 | 1·0398 | 3·5 | 0·6641 | 1·4624 | 6·9 | 0·7630 | 1·5526 | 40·0 | 0·7988 | 1·5891 |
| 1·3 | 0·1308 | 1·0833 | 3·6 | 0·6711 | 1·4683 | 7·0 | 0·7640 | 1·5536 | 50·0 | 0·7999 | 1·5902 |
| 1·4 | 0·1920 | 1·1230 | 3·9 | 0·6990 | 1·4839 | 7·2 | 0·7659 | 1·5554 | 60·0 | 0·7999₅ | 1·5903 |
| 1·5 | 0·2461 | 1·1583 | 4·0 | 0·6942 | 1·4886 | 7·5 | 0·7686 | 1·5581 | ∞ | 0·8000 | 1·5903 |

## Tabelle 24.

| \multicolumn{12}{|c|}{$S = 4$} |
|---|---|---|---|---|---|---|---|---|---|---|---|
| $b$ | $K(b,s)$ | $A(b,s)$ | $b$ | $K(b,s)$ | $A(b,s)$ | $b$ | $K(b,s)$ | $A(b,s)$ | $b$ | $K(b,s)$ | $A(b,s)$ |
| 0   | − 1·0000 | 0·0000 | 0·9 | 0·1577 | 0·8992 | 1·8 | + 0·4385 | 1·2890 | 3·0 | + 0·6941 | 1·4883 |
| 0·1 | 0·9814 | 0·1230 | 1·0 | − 0·0588 | 0·9626 | 1·9 | 0·4741 | 1·3144 | 3·5 | 0·7403 | 1·5306 |
| 0·2 | 0·9275 | 0·2439 | 1·1 | + 0·0306 | 1·0194 | 2·0 | 0·5059 | 1·3378 | 4·0 | 0·7716 | 1·5611 |
| 0·3 | 0·8445 | 0·3598 | 1·2 | 0·1110 | 1·0708 | 2·1 | 0·5345 | 1·3591 | 4·5 | 0·7938 | 1·5839 |
| 0·4 | 0·7404 | 0·4692 | 1·3 | 0·1825 | 1·1169 | 2·2 | 0·5609 | 1·3791 | 5·0 | 0·8099 | 1·6009 |
| 0·5 | 0·6235 | 0·5714 | 1·4 | 0·2524 | 1·1625 | 2·3 | 0·5831 | 1·3963 | 6·0 | 0·8315 | 1·6250 |
| 0·6 | 0·5017 | 0·6653 | 1·5 | 0·3032 | 1·1961 | 2·4 | 0·6040 | 1·4128 | 7·0 | 0·8447 | 1·6404 |
| 0·7 | 0·3809 | 0·7512 | 1·6 | 0·3536 | 1·2230 | 2·5 | 0·6228 | 1·4280 | 7·5 | 0·8495 | 1·6463 |
| 0·8 | 0·2655 | 0·8267 | 1·7 | 0·3984 | 1·2609 | 2·8 | 0·6695 | 1·4670 | 7·6 | 0·8503 | 1·6473 |

Tabelle 24 (Fortsetzung).

| | | | | | | | | | | | |
|---|---|---|---|---|---|---|---|---|---|---|---|
| \multicolumn{12}{c}{$S = 4$} |
| $b$ | $K(b,s)$ | $A(b,s)$ | $b$ | $K(b,s)$ | $A(b,s)$ | $b$ | $K(b,s)$ | $A(b,s)$ | $b$ | $K(b,s)$ | $A(b,s)$ |
| 8·0 | + 0·8534 | 1·6509 | 11·0 | + 0·8669 | 1·6678 | 20·0 | + 0·8777 | 1·6833 | 50·0 | + 0·8816 | 1·6870 |
| 8·5 | 0·8563 | 1·6544 | 12·0 | 0·8694 | 1·6709 | 25·0 | 0·8793 | 1·6841 | 60·0 | 0·8818 | 1·6875 |
| 9·0 | 0·8594 | 1·6583 | 14·0 | 0·8728 | 1·6753 | 30·0 | 0·8803 | 1·6851 | ∞ | 0·8823$_5$ | 1·6879$_8$ |
| 10·0 | 0·8637 | 1·6637 | 16·0 | 0·8750 | 1·6783 | 40·0 | 0·8812 | 1·6865 | | | |

Tabelle 25.

$S = 5$

| $b$ | $K(b,s)$ | $A(b,s)$ | $b$ | $K(b,s)$ | $A(b,s)$ | $b$ | $K(b,s)$ | $A(b,s)$ | $b$ | $K(b,s)$ | $A(b,s)$ |
|---|---|---|---|---|---|---|---|---|---|---|---|
| 0 | − 1·0000 | 0·0000 | 1·3 | + 0·2082 | 1·1336 | 2·8 | + 0·7055 | 1·4974 | 8·0 | + 0·8935 | 1·7036 |
| 0·1 | 0·9810 | 0·1242 | 1·4 | 0·2734 | 1·1763 | 3·0 | 0·7308 | 1·5217 | 8·5 | 0·8968 | 1·7074 |
| 0·2 | 0·9260 | 0·2464 | 1·5 | 0·3314 | 1·2150 | 3·5 | 0·7779 | 1·5672 | 9·0 | 0·8996 | 1·7122 |
| 0·3 | 0·8412 | 0·3637 | 1·6 | 0·3829 | 1·2502 | 4·0 | 0·8100 | 1·6011 | 9·5 | 0·9020 | 1·7158 |
| 0·4 | 0·7347 | 0·4747 | 1·7 | 0·4287 | 1·2820 | 4·5 | 0·8326 | 1·6263 | 10·0 | 0·9040 | 1·7187 |
| 0·5 | 0·6154 | 0·5780 | 1·8 | 0·4695 | 1·3111 | 4·9 | 0·8462 | 1·6422 | 10·5 | 0·9058 | 1·7214 |
| 0·6 | 0·4910 | 0·6733 | 1·9 | 0·5059 | 1·3376 | 5·0 | 0·8491 | 1·6458 | 11·0 | 0·9073 | 1·7237 |
| 0·7 | 0·3676 | 0·7603 | 2·0 | 0·5385 | 1·3630 | 5·1 | 0·8519 | 1·6487 | 12·0 | 0·9098 | 1·7276 |
| 0·8 | 0·2495 | 0·8394 | 2·1 | 0·5676 | 1·3842 | 5·5 | 0·8615 | 1·6609 | 13·0 | 0·9118 | 1·7306 |
| 0·9 | 0·1394 | 0·9109 | 2·2 | 0·5943 | 1·4052 | 6·0 | 0·8711 | 1·6731 | 15·0 | 0·9146 | 1·7350 |
| 1·0 | − 0·0385 | 0·9756 | 2·3 | 0·6173 | 1·4236 | 6·5 | 0·8786 | 1·6830 | 20·0 | 0·9182 | 1·7405 |
| 1·1 | + 0·0529 | 1·0337 | 2·4 | 0·6386 | 1·4409 | 7·0 | 0·8846 | 1·6911 | 30·0 | 0·9209 | 1·7452 |
| 1·2 | 0·1349 | 1·0861 | 2·5 | 0·6578 | 1·4570 | 7·5 | 0·8895 | 1·6980 | ∞ | 0·9231 | 1·7484 |

Tabelle 26.

$S = 10$

| $b$ | $K(b,s)$ | $A(b,s)$ | $b$ | $K(b,s)$ | $A(b,s)$ | $b$ | $K(b,s)$ | $A(b,s)$ | $b$ | $K(b,s)$ | $A(b,s)$ |
|---|---|---|---|---|---|---|---|---|---|---|---|
| 0 | − 1·0000 | 0·0000 | 7 | + 0·9406 | 1·7794 | 15 | + 0·9714 | 1·8473 | 22 | + 0·9761 | 1·8606 |
| 0·5 | 0·6034 | 0·5876 | 8 | 0·9497 | 1·7972 | 16 | 0·9725 | 1·8503 | 24 | 0·9768 | 1·8624 |
| 1 | − 0·0099 | 0·9934 | 9 | 0·9560 | 1·8103 | 17 | 0·9733 | 1·8526 | 25 | 0·9770 | 1·8631 |
| 2 | + 0·5842 | 1·3972 | 10 | 0·9606 | 1·8204 | 18 | 0·9741 | 1·8548 | 30 | 0·9780 | 1·8661 |
| 3 | 0·7822 | 1·5719 | 11 | 0·9642 | 1·8291 | 19 | 0·9747 | 1·8564 | 40 | 0·9790 | 1·8692 |
| 4 | 0·8648 | 1·6652 | 12 | 0·9665 | 1·8348 | 20 | 0·9753 | 1·8581 | 50 | 0·9794 | 1·8706 |
| 5 | 0·9040 | 1·7187 | 13 | 0·9686 | 1·8400 | 21 | 0·9757 | 1·8592 | ∞ | 0·9802 | 1·8731 |
| 6 | 0·9267 | 1·7548 | 14 | 0·9701 | 1·8439 | | | | | | |

Tabelle 27.

$S = \infty$

| $b$ | $K(b,s)$ | $A(b,s)$ | $b$ | $K(b,s)$ | $A(b,s)$ | $b$ | $K(b,s)$ | $A(b,s)$ | $b$ | $K(b,s)$ | $A(b,s)$ |
|---|---|---|---|---|---|---|---|---|---|---|---|
| 0 | − 1·0000 | 0·0000 | 1·2 | + 0·1804 | 1·1156 | 2·4 | + 0·7042 | 1·4973 | 10·0 | + 0·9802 | 1·8726 |
| 0·1 | 0·9802 | 1·1269 | 1·3 | 0·2564 | 1·1650 | 2·5 | 0·7242 | 1·5156 | 11·0 | 0·9836 | 1·8847 |
| 0·2 | 0·9230 | 0·2513 | 1·4 | 0·3244 | 1·2103 | 2·8 | 0·7738 | 1·5633 | 12·0 | 0·9862 | 1·8942 |
| 0·3 | 0·8348 | 0·3711 | 1·5 | 0·3845 | 1·2513 | 3·0 | 0·8000 | 1·5903 | 14·0 | 0·9898 | 1·9092 |
| 0·4 | 0·7242 | 0·4839 | 1·6 | 0·4382 | 1·2887 | 3·5 | 0·8490 | 1·6478 | 16·0 | 0·9922 | 1·9206 |
| 0·5 | 0·6000 | 0·5903 | 1·7 | 0·4858 | 1·3230 | 4·0 | 0·8824 | 1·6881 | 20·0 | 0·9950 | 1·9364 |
| 0·6 | 0·4706 | 0·6881 | 1·8 | 0·5284 | 1·3544 | 4·5 | 0·9059 | 1·7217 | 30·0 | 0·9978 | 1·9576 |
| 0·7 | 0·3422 | 0·7776 | 1·9 | 0·5662 | 1·3803 | 5·0 | 0·9230 | 1·7374 | 40·0 | 0·9987 | 1·9681 |
| 0·8 | 0·2196 | 0·8591 | 2·0 | 0·6000 | 1·4097 | 6·0 | 0·9460 | 1·7898 | 50·0 | 0·9992 | 1·9736 |
| 0·9 | − 0·1050 | 0·9330 | 2·1 | 0·6304 | 1·4342 | 7·0 | 0·9600 | 1·8192 | 60·0 | 0·9994 | 1·9789 |
| 1·0 | 0·0000 | 1·0000 | 2·2 | 0·6576 | 1·4568 | 8·0 | 0·9692 | 1·8417 | ∞ | 1·0000 | 2·0000 |
| 1·1 | + 0·0950 | 1·0606 | 2·3 | 0·6820 | 1·4778 | 9·0 | 0·9756 | 1·8558 | | | |

### 13. Eine geladene quadratische Fläche.

Gegeben sei eine horizontale quadratische Fläche von der Seitenlänge $2\,sh$ in der Höhe $h$ über dem Boden, die Flächendichte sei $-\sigma$. Die Fig. 11 stelle wieder die Projektion auf den Boden dar; der Fußpunkt der Quadratmitte wird als Ursprung des Koordinatensystems gewählt.

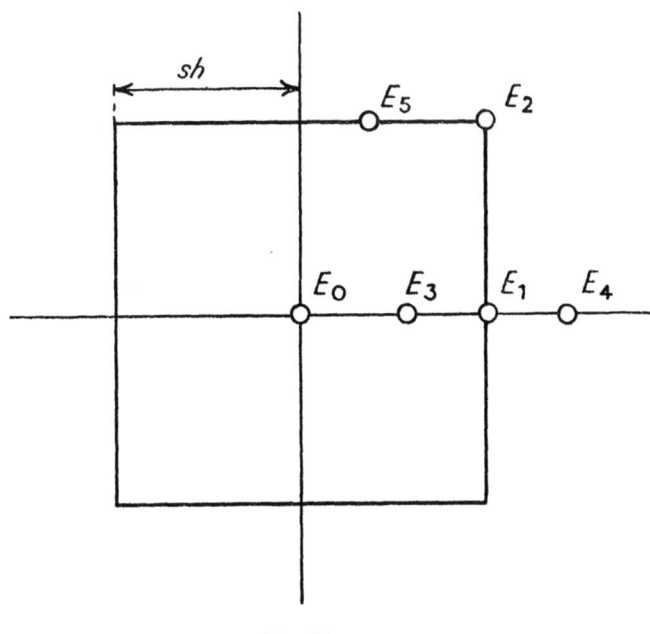

Fig. 11.

Auf Grund der Formel (26) im vorigen Abschnitt berechnet sich die Feldstärke aus der dort tabellierten Funktion $A\,(b,s)$

$$
\left.\begin{array}{ll}
\text{für die Mitte:} & E_0 = 2\pi\sigma \cdot A\,(b=s,s) \\[4pt]
\text{für die Randmitte:} & E_1 = \pi\sigma \cdot A\,(b=2s,s) \\[4pt]
\text{für den Eckpunkt:} & E_2 = \dfrac{1}{4} \cdot 2\pi\sigma \cdot A\,(b=2s,2s) \\[4pt]
\text{für einen beliebigen Punkt auf der} & E_3 = \pi\sigma\,[A\,(b=s+\xi,s)+A\,(b=s-\xi,s)] \text{ wenn } \xi<s \\
\text{X-Achse im Abstand } x=\xi h & E_4 = \pi\sigma\,[A\,(b=\xi+s,s)-A\,(b=\xi-s,s)] \text{ wenn } \xi>s \\[4pt]
\text{für einen Randpunkt im Abstand } x=\xi h: & E_5 = \dfrac{1}{2}\pi\sigma\,[A\,(b=s+\xi,2s)+A\,(b=s-\xi,2s)].
\end{array}\right\} \quad (28)
$$

Bezeichnet wieder $\sigma'$ die Flächendichte der Influenzladung am Boden, so ist

$$\sigma'/\sigma = -\frac{E}{4\pi\sigma}.$$

Bezeichnet ferner $E^*$ die Feldstärke, welche die Gesamtladung des Quadrates $Q = 4s^2 h^2 \sigma$ im Ursprung erzeugen würde, wenn man sie im Mittelpunkt des Quadrates konzentriert denkt, so ist

$$E^* = \frac{2Q}{h^2} = 8 s^2 \sigma$$

und daher

$$\varepsilon(\xi) = \frac{E(\xi)}{E^*} = \frac{\pi}{2 s^2} \cdot \frac{\sigma'}{\sigma}. \qquad (29)$$

Im folgenden sind als numerische Beispiele die Funktionen $\frac{\sigma'(\xi)}{\sigma}$ und $\varepsilon(\xi)$ für die Punkte der $X$-Achse ($Y$-Achse aus Symmetriegründen identisch) bei den Werten $s = 0{\cdot}5, 1, 2, 3, 4, 5, 10$ in den Tabellen 28 bis 30 angegeben. Die Tafel IV enthält deren Kurvendarstellung.

Tabelle 28.

| $\xi$ | $s = 0{\cdot}5$ | | $s = 1$ | | $s = 2$ | |
|---|---|---|---|---|---|---|
| | $\sigma'(\xi)/\sigma$ | $\varepsilon(\xi)$ | $\sigma'(\xi)/\sigma$ | $\varepsilon(\xi)$ | $\sigma'(\xi)/\sigma$ | $\varepsilon(\xi)$ |
| 0 | 0·1282 | 0·8055 | 0·3333 | 0·5235 | 0·5904 | 0·2318 |
| 0·1 | 0·1268 | 0·7967 | 0·3321 | 0·5216 | 0·5896 | 0·2315 |
| 0·2 | 0·1236 | 0·7766 | 0·3284 | 0·5158 | 0·5886 | 0·2311 |
| 0·3 | 0·1181 | 0·7420 | 0·3227 | 0·5069 | 0·5864 | 0·2303 |
| 0·4 | 0·1106 | 0·6949 | 0·3145 | 0·4940 | 0·5834 | 0·2291 |
| 0·5 | 0·1024 | 0·6434 | 0·3026 | 0·4754 | 0·5815 | 0·2282 |
| 0·6 | 0·0930 | 0·5842 | 0·2906 | 0·4564 | 0·5732 | 0·2251 |
| 0·7 | 0·0836 | 0·5252 | 0·2766 | 0·4344 | 0·5675 | 0·2229 |
| 0·8 | 0·0743 | 0·4668 | 0·2564 | 0·4028 | 0·5599 | 0·2199 |
| 0·9 | 0·0657 | 0·4128 | 0·2374 | 0·3729 | 0·5510 | 0·2164 |
| 1·0 | 0·0572 | 0·3594 | 0·2191 | 0·3441 | 0·5405 | 0·2122 |
| 1·1 | 0·0498 | 0·3130 | 0·1981 | 0·3112 | 0·5283 | 0·2074 |
| 1·2 | 0·0434 | 0·2722 | 0·1784 | 0·2802 | 0·5144 | 0·2020 |
| 1·3 | 0·0377 | 0·2368 | 0·1556 | 0·2444 | 0·4985 | 0·1958 |
| 1·4 | 0·0328 | 0·2060 | 0·1404 | 0·2206 | 0·4806 | 0·1887 |
| 1·5 | 0·0286 | 0·1796 | 0·1255 | 0·1972 | 0·4606 | 0·1809 |
| 1·6 | 0·0250 | 0·1570 | 0·1109 | 0·1869 | 0·4436 | 0·1730 |
| 1·7 | 0·0219 | 0·1374 | 0·0978 | 0·1536 | 0·4150 | 0·1630 |
| 1·8 | 0·0198 | 0·1242 | 0·0864 | 0·1357 | 0·3880 | 0·1524 |
| 1·9 | 0·0172 | 0·1080 | 0·0762 | 0·1196 | 0·3623 | 0·1423 |
| 2·0 | 0·0150 | 0·0942 | 0·0674 | 0·1059 | 0·3333 | 0·1309 |
| 2·1 | 0·132 | 0·0828 | 0·0592 | 0·0930 | 0·3069 | 0·1205 |
| 2·2 | 0·0118 | 0·0740 | 0·0530 | 0·0832 | 0·2799 | 0·1099 |
| 2·3 | 0·0106 | 0·0632 | 0·0468 | 0·0735 | 0·2539 | 0·0997 |
| 2·4 | 0·0097 | 0·0610 | 0·0413 | 0·0648 | 0·2273 | 0·0892 |
| 2·5 | 0·0085 | 0·0534 | 0·0378 | 0·0594 | 0·2069 | 0·0812 |
| 3·0 | 0·0052 | 0·0326 | 0·0216 | 0·0339 | 0·1225 | 0·0456 |
| 3·5 | 0·0033$_5$ | 0·0210 | 0·0142 | 0·0223 | 0·0753 | 0·0296 |
| 3·6 | 0·0030$_4$ | 0·0191 | 0·0134 | 0·0210 | 0·0692 | 0·0272 |
| 4·0 | 0·0021 | 0·0132 | 0·0095 | 0·0150 | 0·0488 | 0·0192 |
| 4·5 | 0·0017 | 0·0104 | — | — | 0·0309 | 0·0121 |
| 5·0 | 0·0012 | 0·0075 | 0·0050 | 0·0078 | 0·0237 | 0·0093 |
| 5·5 | 0·0009$_2$ | 0·0058 | — | — | — | — |
| 6·0 | 0·0007$_2$ | 0·0045 | 0·0032$_5$ | 0·0050 | 0·0132 | 0·0052 |
| 7·0 | 0·0004$_5$ | 0·0028 | 0·0018$_5$ | 0·0029 | 0·0090$_5$ | 0·0035$_5$ |
| 8·0 | 0·0002$_5$ | 0·0016 | 0·0012$_5$ | 0·0019$_6$ | 0·0053 | 0·0020$_8$ |
| 9·0 | 0·0002$_3$ | 0·0014 | 0·0009 | 0·0014 | 0·0036$_2$ | 0·0014$_1$ |
| 10·0 | 0·0001$_7$ | 0·0010 | 0·0006$_5$ | 0·0010 | 0·0024$_5$ | 0·0010 |

Tabelle 29.

| ξ | s = 3 | | ξ | s = 3 | | ξ | s = 4 | | ξ | s = 4 | |
|---|---|---|---|---|---|---|---|---|---|---|---|
| | σ'(ξ)/σ | ε(ξ) | | σ'(ξ)/σ | ε(ξ) | | σ'(ξ)/σ | ε(ξ) | | σ'(ξ)/σ | ε(ξ) |
| 0 | 0.7142 | 0.1246 | 3.3 | 0.2985 | 0.0521 | 0 | 0.7806 | 0.0765 | 12.0 | 0.0068 | 0.0007 |
| 0.3 | 0.7114 | 0.1242 | 3.6 | 0.2164 | 0.0378 | 0.5 | 0.7786 | 0.0763 | 16.0 | 0.0031 | 0.0003 |
| 0.6 | 0.7067 | 0.1233 | 3.9 | 0.1693 | 0.0296 | 1.0 | 0.7710 | 0.0760 | | | |
| 0.9 | 0.6982 | 0.1218 | 4.0 | 0.1543 | 0.0270 | 2.0 | 0.7407 | 0.0725 | | | |
| 1.0 | 0.6946 | 0.1212 | 4.2 | 0.1289 | 0.0225 | 3.0 | 0.6507 | 0.0637 | | | |
| 1.2 | 0.6855 | 0.1196 | 4.5 | 0.1000 | 0.0175 | 3.5 | 0.5540 | 0.0543 | | | |
| 1.5 | 0.6664 | 0.1163 | 4.8 | 0.0788 | 0.0138 | 4.0 | 0.4128 | 0.0390 | | | |
| 1.8 | 0.6390 | 0.1115 | 5.0 | 0.0680 | 0.0119 | 4.5 | 0.2708 | 0.0266 | | | |
| 2.0 | 0.6145 | 0.1071 | 6.0 | 0.0354 | 0.0062 | 5.0 | 0.1739 | 0.0171 | | | |
| 2.1 | 0.5998 | 0.1046 | 7.0 | 0.0208 | 0.0036 | 6.0 | 0.0815 | 0.0080 | | | |
| 2.4 | 0.5538 | 0.0966 | 7.5 | 0.0165 | 0.0029 | 7.0 | 0.0461 | 0.0045 | | | |
| 2.7 | 0.4714 | 0.0822 | 9.0 | 0.0090 | 0.0016 | 8.0 | 0.0274 | 0.0027 | | | |
| 3.0 | 0.3853 | 0.0672 | 12.0 | 0.0035 | 0.0006 | 10.0 | 0.0126 | 0.0012 | | | |

Tabelle 30.

| ξ | s = 5 | | s = 10 | | ξ | s = 5 | | s = 10 | |
|---|---|---|---|---|---|---|---|---|---|
| | σ'(ξ)/σ | ε(ξ) | σ'(ξ)/σ | ε(ξ) | | σ'(ξ)/σ | ε(ξ) | σ'(ξ)/σ | ε(ξ) |
| 0 | 0.8229 | 0.0517 | 0.9102 | 0.0143 | 5.5 | 0.2858 | 0.0180 | — | — |
| 0.5 | 0.8218 | 0.0516 | — | — | 6.0 | 0.1870 | 0.0118 | 0.8789 | 0.0138 |
| 1.0 | 0.8185 | 0.0514 | 0.9098 | 0.0143 | 7.0 | 0.0912 | 0.0057 | 0.8561 | 0.0134₅ |
| 1.5 | 0.8126 | 0.0510 | — | — | 8.0 | 0.0522 | 0.0033 | 0.8130 | 0.0128 |
| 2.0 | 0.8032 | 0.0505 | 0.9080 | 0.0142 | 9.0 | — | — | 0.7124 | 0.0112 |
| 2.5 | 0.7888 | 0.0496 | — | — | 10.0 | 0.0223 | 0.0014 | 0.4645 | 0.0073 |
| 3.0 | 0.7666 | 0.0482 | 0.9048 | 0.0142 | 11.0 | — | — | 0.2164 | 0.0034 |
| 3.5 | 0.7306 | 0.0459 | — | — | 12.0 | — | — | 0.1158 | 0.0018 |
| 4.0 | 0.6720 | 0.0422 | 0.8997 | 0.0141 | 14.0 | — | — | 0.0493 | 0.0008 |
| 4.5 | 0.5734 | 0.0360 | — | — | 15.0 | 0.0050₅ | 0.0003 | 0.0361 | 0.0005₇ |
| 5.0 | 0.4297 | 0.0270 | 0.8915 | 0.0140 | 20.0 | — | — | 0.0114 | 0.0001₈ |

Nach der Formel für $E_2$ in den Gleichungen (28) findet man in den Eckpunkten des auf den Boden projizierten Quadrates die Werte:

Tabelle 31

| s = | 0.5 | 1 | 2 | 3 | 4 | 5 | 10 |
|---|---|---|---|---|---|---|---|
| σ'/σ = | 0.0833 | 0.1476 | 0.1951 | 0.2129 | 0.2221 | 0.2275 | 0.2388 |
| ε = | 0.5236 | 0.2318 | 0.0766 | 0.0372 | 0.0218 | 0.0143 | 0.0037 |

Gegenüber dem Feld einer punkt- oder kugelförmigen Ladung ist das von der gleichen flächenhaft über ein Quadrat verteilten Ladung erzeugte Feld am Boden — wie ja unmittelbar anschaulich ist — in der Mitte abgeschwächt, weiter außen verstärkt und in sehr großer Entfernung gleich.

Die im ersten Falle kreisförmigen Isodynamen sind in der Richtung der Diagonalen ausgebaucht, aber im allgemeinen nicht sehr bedeutend.

### 14. Zwei Quadrate entgegengesetzt gleicher Ladung vertikal übereinander.

Es werde wieder ein Quadrat (Seitenlänge $2sh$, Flächendichte $-\sigma$) in der Höhe $h$ und ein gleich großes mit der Flächendichte $+\sigma$ in der Höhe $kh$ angenommen. Die resultierende

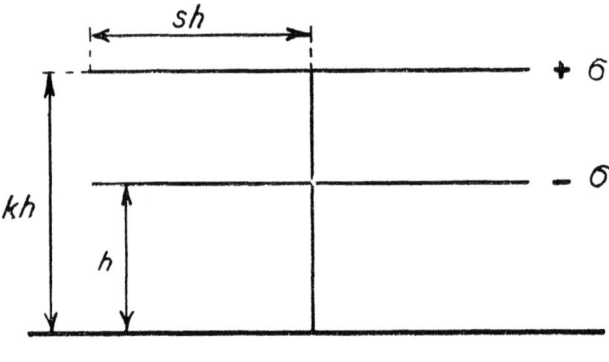

Fig. 12.

Flächendichte $\sigma'(\xi)$ am Boden in einem in der Entfernung $\xi h$ auf der X- oder Y-Achse gelegenen Punkte ist — analog wie im Abschnitt 4 — gegeben durch

$$\sigma'(\xi) = \sigma'_s(\xi) - \sigma'_{s/k}\left(\frac{\xi}{k}\right), \tag{30}$$

wobei der Index andeutet, für welchen Wert von $s$ die im vorigen Abschnitt behandelte Funktion $\sigma'$ zu berechnen ist.

Tabelle 32.

| | $2h, s=1, +\sigma$ $h, s=1, -\sigma$ | | $2h, s=2, +\sigma$ $h, s=2, -\sigma$ | | $k=2$ |
|---|---|---|---|---|---|
| $\xi$ | $\sigma'(\xi)/\sigma$ | $\varepsilon(\xi)$ | $\sigma'(\xi)/\zeta$ | $\varepsilon(\xi)$ | $\Phi_2$ |
| 0   | + 0·2051 | + 0·3322 | + 0·2571 | + 0·1010 | + 0·7500 |
| 0·2 | 0·2016   | 0·3167   | 0·2565   | 0·1007   | 0·6966 |
| 0·4 | 0·1909   | 0·2999   | 0·2550   | 0·1001   | 0·5647 |
| 0·6 | 0·1725   | 0·2709   | 0·2505   | 0·0984   | 0·4108 |
| 0·8 | 0·1458   | 0·2276   | 0·2454   | 0·0964   | 0·2760 |
| 1·0 | 0·1167   | 0·1833   | 0·2379   | 0·0935   | 0·1747 |
| 1·2 | 0·0854   | 0·1342   | 0·2237   | 0·0878   | 0·1048 |
| 1·4 | 0·0568   | 0·0892   | 0·2040   | 0·0801   | 0·0591 |
| 1·6 | 0·0366   | 0·0575   | 0·1872   | 0·0735   | 0·0299 |
| 1·8 | 0·0207   | 0·0325   | 0·1506   | 0·0591   | 0·0118 |
| 2·0 | 0·0102   | 0·0160   | 0·1142   | 0·0448   | + 0·0012 |
| 2·2 | + 0·0032 | + 0·0050 | 0·0818   | 0·0321   | — 0·0052 |
| 2·4 | — 0·0021 | — 0·0033 | + 0·0489 | + 0·0192 | 0·0087 |
| 3·0 | 0·0070   | 0·0110   | — 0·0030 | — 0·0012 | 0·0111 |
| 3·6 | 0·0064   | 0·0101   | 0·0171   | 0·0067   | — |
| 4·0 | 0·0055   | 0·0086   | 0·0186   | 0·0073   | 0·0081 |
| 5·0 | 0·0035   | 0·0055   | 0·0140   | 0·0055   | 0·0053 |
| 6·0 | 0·0020   | 0·0031   | 0·0084   | 0·0033   | 0·0035 |
| 7·0 | —        | —        | 0·0051   | 0·0020   | — |
| 8·0 | 0·0008$_5$ | 0·0013 | 0·0042   | 0·0016   | 0·0017 |
| 10·0 | 0·0005$_5$ | 0·0008$_6$ | 0·0026 | 0·0010 | 0·0009 |
| 12·0 | —       | —        | 0·0018   | 0·0007   | 0·0005 |

Schematische Gewitterfelder.

Tabelle 33.

| $\xi$ | $h = 2, s = 4, + \sigma$ $h = 1, s = 4, - \sigma$ | | $h = 2, s = 10, + \sigma$ $h = 1, s = 10, - \sigma$ | | $\xi$ | $h = 2, s = 4, + \sigma$ $h = 1, s = 4, - \sigma$ | | $h = 2, s = 10, + \sigma$ $h = 2, s = 10, + \sigma$ | |
|---|---|---|---|---|---|---|---|---|---|
| | $\sigma'(\zeta)/\sigma$ | $\varepsilon(\xi)$ | $\sigma'(\xi)/\sigma$ | $\varepsilon(\xi)$ | | $\sigma'(\xi)/\sigma$ | $\varepsilon(\xi)$ | $\sigma'(\xi)/\sigma$ | $\varepsilon(\xi)$ |
| 0 | +0.1902 | +0.0187 | +0.0873 | +0.0013$_7$ | 8 | −0.0214 | −0.0021 | 0.1410 | 0.0022$_1$ |
| 0.5 | 0.1910 | 0.0187 | — | — | 9 | — | — | 0.1390 | 0.0021$_8$ |
| 1 | 0.1896 | 0.0186 | 0.0880 | 0.0013$_8$ | 10 | 0.0111 | 0.0011 | +0.0348 | +0.0005$_5$ |
| 2 | 0.2002 | 0.0198 | 0.0894 | 0.0014$_0$ | 11 | — | — | −0.0694 | −0.0011 |
| 3 | 0.1901 | 0.0187 | 0.0923 | 0.0014$_5$ | 12 | 0.0064 | 0.0006 | 0.0711 | 0.0011$_1$ |
| 4 | +0.0795 | +0.0078 | 0.0965 | 0.0015$_2$ | 14 | — | — | 0.0418 | 0.0006$_6$ |
| 5 | −0.0330 | −0.0032 | 0.1027 | 0.0016$_1$ | 16 | 0.0022 | 0.0002 | — | — |
| 6 | 0.0410 | 0.0040 | 0.1122 | 0.0017$_6$ | 20 | — | — | 0.0109 | 0.0001$_7$ |
| 7 | 0.0292 | 0.0029 | 0.1255 | 0.0019$_7$ | 30 | — | — | 0.0023 | 0.0000$_4$ |

Tabelle 34.

| $\xi$ | $h = 3, s = 3, + \sigma$ $h = 1, s = 3, - \sigma$ | | $k = 3$ | $\xi$ | $h = 3, s = 3, + \sigma$ $h = 1, s = 3, - \sigma$ | | $k = 3$ |
|---|---|---|---|---|---|---|---|
| | $\sigma'(\xi)/\sigma$ | $\varepsilon(\xi)$ | $\Phi_3$ | | $\sigma'(\xi)/\sigma$ | $\varepsilon(\xi)$ | $\Phi_3$ |
| 0 | +0.3809 | +0.0665 | +0.8889 | 3.6 | 0.0380 | 0.0066 | −0.0100 |
| 0.3 | 0.3793 | 0.0662 | 0.7692 | 3.9 | +0.0137 | +0.0024 | 0.0099 |
| 0.6 | 0.3783 | 0.0660 | 0.5257 | 4.2 | −0.0115 | −0.0020 | 0.0094 |
| 0.9 | 0.3755 | 0.0655 | 0.3131 | 4.5 | 0.0256 | 0.0045 | 0.0088 |
| 1.2 | 0.3716 | 0.0648 | 0.1735 | 4.8 | 0.0321 | 0.0056 | 0.0081 |
| 1.5 | 0.3683 | 0.0635 | 0.0912 | 5.1 | 0.0346 | 0.0060 | 0.0074 |
| 1.8 | 0.3484 | 0.0608 | 0.0444 | 5.4 | 0.0350 | 0.0061 | 0.0067 |
| 2.1 | 0.3232 | 0.0564 | 0.0187 | 5.7 | 0.0337 | 0.0059 | 0.0061 |
| 2.4 | 0.2973 | 0.0519 | +0.0040 | 6.0 | 0.0319 | 0.0056 | 0.0055 |
| 2.7 | 0.2340 | 0.0408 | −0.0037 | 7.5 | 0.0212 | 0.0037 | 0.0033 |
| 3.0 | 0.1662 | 0.0290 | 0.0077 | 9.0 | 0.0126 | 0.0022. | 0.0022 |
| 3.3 | 0.1004 | 0.0175 | 0.0094 | 12.0 | 0.0059 | 0.0010 | 0.0010 |

Bezeichnet wieder $E^* = \dfrac{2Q}{h^2} = 8 s^2 \sigma$ die Feldstärke, welche die im Mittelpunkt des Quadrates konzentrierte Gesamtladung der unteren Fläche im Fußpunkt erzeugen würde, so ist

$$\varepsilon(\xi) = \frac{E(\xi)}{E^*} = \frac{\sigma'(\xi)\pi}{2 s^2}. \tag{31}$$

Je größer bei gegebener Gesamtladung die Quadratfläche ist, um so kleiner wird $\varepsilon(0)$.

Beispiele für die Verteilung von $\sigma'/\sigma$ und $\varepsilon$ längs der Achsen enthalten die Tabellen 32, 33 und 34 und die Tafeln V und VI.

In den Eckpunkten des auf den Boden projizierten Quadrates findet man die Werte

| $s =$ | 1 | 2 | 4 | 10 | 3 |
| $k =$ | 2 | 2 | 2 | 2 | 3 |
| $\sigma'/\sigma =$ | 0.0643 | 0.0475 | 0.0270 | 0.0113 | 0.0653 |

Analog wie bei punkt- oder kugelförmigen Ladungen ist natürlich auch hier das Bodenfeld im inneren Gebiet positiv, außerhalb negativ. Da aber bei der flächenhaft verteilten Ladung die Werte in der Umgebung des Zentrums stark geschwächt sind, wird der Maximalwert der negativen Feldstärke im äußeren Gebiet [bei Punktladungen von der Größenordnung $\varepsilon(0)/100$] relativ viel größer und erreicht in manchen Fällen die Hälfte des positiven Maximalwertes.

Sehr auffallend ist ferner, daß in manchen Fällen das positive Feld nicht im Zentrum sein Maximum hat, sondern nach außen hin zunächst ansteigt, dann abnimmt und das Vorzeichen wechselt. Bei $s = 4$ ist dieses Verhalten bereits angedeutet, bei $s = 10$ (Tabelle 33) sehr ausgesprochen.

Wie die oben angeführten Werte in den Eckpunkten und ihr Vergleich mit den in derselben Entfernung auf den Achsen bestehenden Werten ergeben, ist hier die Abweichung der Isodynamen von der Kreisform viel bedeutender als bei den im Abschnitt 13 besprochenen Fällen.

### 15. Zwei Quadrate ungleicher Ladung vertikal übereinander.

Analog wie im Abschnitt 5 werde angenommen, daß die obere positive Ladung den Betrag $\beta Q$ besitze, wobei $\beta \gtreqless 1$. Für $\beta < 1$ dehnt sich ganz analog wie im Abschnitt 5 das innere positive Feld aus und erstreckt sich ins Unendliche, wenn $\beta \leq 1/k$.

Für $\beta > 1$ schrumpft das positive Feld ein und verschwindet ganz, wenn $\beta$ einen bestimmten Betrag überschreitet. Während aber bei punktförmigen Ladungen dieser kritische Wert durch $\beta = k^2$ gegeben ist, ist er hier beträchtlich kleiner, und zwar um so kleiner, je größer die Seitenlänge des Quadrates ist; so z. B. wird das Feld im Mittelpunkt Null

bei $k = 2$ und $s =\ \ \ 1\ \ \ \ \ \ 2\ \ \ \ \ \ 4\ \ \ \ \ \ 10$

für $\beta =\ 2{\cdot}60\ \ \ 1{\cdot}77\ \ \ 1{\cdot}32\ \ \ 1{\cdot}10$

oder bei $k = 3$ und $s = 3$ für $\beta = 2{\cdot}14$.

Einige Beispiele für den Verlauf der Funktion $\dfrac{\sigma'(\xi)}{\sigma}$ längs der Hauptachsen geben die Tabellen 35, 36, 37.

Tabelle 35.

| $\xi$ | $s = 2$<br>$h = 1: -\sigma$<br>$h = 2: +2\sigma$ | $s = 2$<br>$h = 1: -\sigma$<br>$h = 2: +\sigma/2$ | $s = 1$<br>$h = 1: -\sigma$<br>$h = 2: +2\sigma$ | $s = 1$<br>$h = 1: -\sigma$<br>$h = 2: +\sigma/2$ |
|---|---|---|---|---|
| 0 | $\sigma'/\sigma = -0{\cdot}0762$ | $+0{\cdot}4237$ | $+0{\cdot}0769$ | $+0{\cdot}2692$ |
| 0·2 | 0·0756 | 0·4226 | 0·0748 | 0·2650 |
| 0·4 | 0·0734 | 0·4192 | 0·0673 | 0·2527 |
| 0·6 | 0·0722 | 0·4119 | 0·0544 | 0·2316 |
| 0·8 | 0·0691 | 0·4027 | 0·0352 | 0·2011 |
| 1·0 | 0·0647 | 0·3892 | $+0{\cdot}0143$ | 0·1679 |
| 1·2 | 0·0669 | 0·3691 | $-0{\cdot}0076$ | 0·1319 |
| 1·4 | 0·0726 | 0·3423 | 0·0268 | 0·0986 |
| 1·6 | 0·0692 | 0·3154 | 0·0397 | 0·0737 |
| 1·8 | 0·0868 | 0·2693 | 0·0450 | 0·0536 |
| 2·0 | 0·1048 | 0·2238 | 0·0470 | 0·0388 |
| 2·2 | 0·1163 | 0·1809 | 0·0467 | 0·0281 |
| 2·4 | 0·1295 | 0·1381 | 0·0455 | 0·0196 |
| 3·0 | 0·1286 | 0·0597 | 0·0365 | 0·0072 |
| 3·6 | 0·1035 | 0·0260 | 0·0263 | 0·0035 |
| 4 | 0·0859 | 0·0151 | 0·0205 | 0·0020 |
| 5 | 0·0518 | 0·0048 | 0·0120 | 0·0008 |
| 6 | 0·0300 | 0·0024 | 0·0072 | $+0{\cdot}0006$ |
| 8 | 0·0137 | $+0{\cdot}0005$ | 0·0030 | $-0{\cdot}0002$ |
| 11 | 0·0076 | $-0{\cdot}0000_7$ | — | — |
| 12 | — | $0{\cdot}0000_4$ | — | — |

Tabelle 36.

| $\xi$ | $s = 4$<br>$h = 1: -\sigma$<br>$h = 2: +2\sigma$ | $s = 4$<br>$h = 1: -\sigma$<br>$h = 2: +\sigma/2$ | $\xi$ | $s = 10$<br>$h = 1: -\sigma$<br>$h = 2: +2\sigma$ | $s = 10$<br>$h = 1: -\sigma$<br>$h = 2: +\sigma/2$ |
|---|---|---|---|---|---|
| 0 | $\sigma'/\sigma = -0{\cdot}4003$ | $+0{\cdot}4853$ | 0 | $\sigma'/\sigma = -0{\cdot}7356$ | $+0{\cdot}4988$ |
| 0·5 | 0·3970 | 0·4849 | 1 | 0·7338 | 0·4989 |
| 1 | 0·3880 | 0·4803 | 2 | 0·7191 | 0·5012 |
| 2 | 0·3403 | 0·4705 | 4 | 0·7067 | 0·4981 |
| 3 | 0·2704 | 0·4204 | 6 | 0·6644 | 0·4956 |
| 3·6 | 0·2469 | 0·3351 | 8 | 0·5309 | 0·4770 |
| 4 | 0·2540 | 0·2461 | 9 | 0·4345 | 0·4257 |
| 5 | 0·2399 | 0·0704 | 10 | 0·3951 | 0·2497 |
| 6 | 0·1635 | 0·0203 | 11 | 0·3553 | 0·0735 |
| 7 | 0·1045 | 0·0085 | 12 | 0·2582 | 0·0223 |
| 8 | 0·0702 | 0·0030 | 14 | 0·1330 | 0·0037 |
| 10 | 0·0348 | 0·0007 | 20 | 0·0332 | 0·0002 |
| 12 | ·0196 | 0·0002 | — | — | — |

Tabelle 37.

| $s = 3$, $h = 1: -\sigma$, $h = 2: +2\sigma$ | | | |
|---|---|---|---|
| $\xi = 0$ | $\sigma'/\sigma = +0{\cdot}0476$ | 3·0 | $-0{\cdot}0529$ |
| 0·3 | 0·0472 | 3·3 | 0·0977 |
| 0·6 | 0·0499 | 3·6 | 0·1404 |
| 0·9 | 0·0528 | 3·9 | 0·1419 |
| 1·2 | 0·0565 | 4·2 | 0·1519 |
| 1·5 | 0·0612 | 4·5 | 0·1510 |
| 1·8 | 0·0578 | 4·8 | 0·1430 |
| 2·1 | 0·0466 | 6·0 | 0·0994 |
| 2·4 | 0·0410 | 7·5 | 0·0591 |
| 2·7 | $+0{\cdot}0066$ | 9·0 | 0·0416 |
| 3·0 | $-0{\cdot}0529$ | 12·0 | 0·0184 |

Bemerkenswert ist wieder die Tatsache, daß in manchen Fällen die Flächendichte (Feldstärke) am Boden mehrere Maxima aufweist, und zwar sowohl beim inneren positiven Feld (Tabelle 37) als beim negativen Feld (Tabelle 35 und 36).

Einen derartig wellenförmigen Verlauf der Feldstärke längs einer Geraden hätte man bei einer rein empirischen Feststellung wahrscheinlich auf eine unregelmäßige Verteilung der Ladungen zurückgeführt, während er tatsächlich auch durch zwei homogen geladene Flächen erzeugt werden kann.

### 16. Zwei Quadratflächen gleicher Ladung schief übereinander.

Analog wie im Abschnitt 7 wird vorausgesetzt, daß die obere geladene Fläche in der Höhe $kh$ um die Strecke $\delta h$ in der Richtung der positiven $X$-Achse verschoben sei.

Die Ladungsdichte $\sigma'$ am Boden, bzw. das Verhältnis $\varepsilon$ der Feldstärken findet man dann wieder durch die Gleichungen

$$\sigma'(\xi) = \sigma'_s(\xi) - \sigma'_{s/k}\left(\frac{\xi - \delta}{k}\right) \text{ und } \varepsilon(\xi) = \frac{\pi}{2s^2} \cdot \sigma'(\xi). \tag{32}$$

Einige numerische Beispiele für $\sigma'/\sigma$ geben die Tabellen 38 und 39.

Tabelle 38.

| s = 1<br>k = 2<br>δ = 1 | | s = 2<br>k = 2<br>δ = 1 | | s = 2<br>k = 2<br>δ = 2 | s = 4<br>k = 2<br>δ = 1 | | s = 4<br>k = 2<br>δ = 2 | s = 4<br>k = 2<br>δ = 4 |
|---|---|---|---|---|---|---|---|---|
| ξ | σ'/σ | ξ | σ'/σ | σ'/σ | ξ | σ'/σ | σ'/σ | σ'/σ |
| − 5 | − 0·0001 | − 7 | − 0·0005 | — | − 7 | − 0·0027 | + 0·0152 | — |
| − 4 | + 0·0010 | − 6 | 0·0010 | + 0·0037 | − 6 | + 0·0062 | 0·0327 | + 0·0578 |
| − 3 | 0·0066 | − 5 | − 0·0021 | 0·0095 | − 5 | 0·0514 | 0·0986 | 0·1430 |
| − 2 | 0·0388 | − 4 | + 0·0110 | 0·0272 | − 4 | 0·2059 | 0·2903 | 0·3640 |
| − 1 | 0·1619 | − 3 | 0·0551 | 0·0847 | − 3 | 0·3174 | 0·4438 | 0·5754 |
| − 0·2 | 0·2354 | − 2 | 0·2078 | 0·2659 | − 2 | 0·2801 | 0·4074 | 0·6182 |
| 0 | 0·2309 | − 1 | 0·3214 | 0·4150 | − 1 | 0·2305 | 0·3104 | 0·5641 |
| 1 | 0·0909 | 0 | 0·2878 | 0·3713 | 0 | 0·1991 | 0·2401 | 0·4473 |
| 1·4 | + 0·0168 | 1 | 0·2072 | + 0·2379 | 1 | 0·1806 | 0·1895 | 0·3104 |
| 1·6 | − 0·0072 | 2 | + 0·0307 | + 0·0000 | 2 | 0·1592 | 0·1503 | 0·2002 |
| 2 | 0·0350 | 3 | − 0·0966 | − 0·1801 | 3 | + 0·1102 | + 0·0692 | + 0·0692 |
| 2·4 | 0·0423 | 4 | 0·0767 | 0·1703 | 4 | − 0·0478 | − 0·1277 | − 0·1776 |
| 3 | 0·0356 | 5 | 0·0437 | 0·1018 | 5 | 0·1594 | 0·2867 | 0·4076 |
| 4 | 0·0191 | 6 | 0·0246 | 0·0542 | 6 | 0·1254 | 0·2518 | 0·4590 |
| 5 | 0·0100 | 7 | 0·0126 | 0·0288 | 7 | 0·0764 | 0·1608 | 0·4145 |
| 6 | 0·0053 | 8 | 0·0099 | 0·0163 | 8 | 0·0479 | 0·0951 | 0·3059 |

Tabelle 39.

| s = 10; k = 2 | | | | s = 10; k = 2 | | | |
|---|---|---|---|---|---|---|---|
| δ = 2 | | δ = 2 | | δ = 4 | | δ = 4 | |
| ξ | σ'/σ | ξ | σ'/σ | ξ | σ'/σ | ξ | σ'/σ |
| − 14 | − 0·0029 | 0 | + 0·0917 | − 12 | + 0·0636 | 0 | + 0·1070 |
| − 12 | + 0·0246 | 1 | 0·0880 | − 10 | 0·3533 | 1 | 0·0972 |
| − 10 | 0·2775 | 2 | 0·0851 | − 9 | — | 2 | 0·0895 |
| − 9 | 0·4266 | 3 | 0·0830 | − 8 | 0·6260 | 3 | 0·0830 |
| − 8 | 0·3733 | 4 | 0·0812 | − 7 | 0·5703 | 4 | 0·0772 |
| − 7 | 0·2827 | 5 | 0·0789 | − 6 | 0·4492 | 5 | 0·0697 |
| − 6 | 0·2069 | 6 | 0·0757 | − 5 | 0·3181 | 6 | 0·0604 |
| − 5 | 0·1609 | 7 | 0·0673 | − 4 | 0·2277 | 7 | 0·0435 |
| − 4 | 0·1313 | 8 | + 0·0464 | − 3 | 0·1742 | 8 | + 0·0098 |
| − 3 | 0·1160 | 9 | − 0·0182 | − 2 | 0·1414 | 9 | − 0·0764 |
| − 2 | 0·1048 | 10 | 0·2075 | − 1 | 0·1210 | 10 | 0·3021 |
| − 1 | 0·0972 | 11 | — | 0 | 0·1070 | 11 | 0·5142 |
| 0 | 0·0917 | 12 | 0·3139 | — | — | 12 | 0·5562 |
| — | — | 14 | 0·1377 | — | — | 14 | 0·3804 |

Wie bei schief übereinanderliegenden Punktladungen ist auch hier das von der unteren Ladung erzeugte Gebiet positiver Feldstärke (Flächendichte) am Boden eine geschlossene Fläche. Infolge der horizontalen Ausdehnung der geladenen Flächen ist der Durchmesser dieses positiven Gebietes größer als bei Punktladungen gleicher Größe und Höhe. Auch ist bemerkenswert, daß die Maximalwerte der negativen Feldstärke im äußeren Gebiet in manchen Fällen (Tabelle 39) fast die positiven Maximalwerte erreichen.

### 17. Geladene Kreisflächen vertikal übereinander.

Gegeben sei eine horizontale Kreisfläche in der Höhe $h$ über dem Boden; ihr Radius sei $R = ah$, die Flächendichte $-\sigma$ (Fig. 13).

Wie leicht berechenbar, ist im Fußpunkt des Kreiszentrums die (zusammen mit dem elektrischen Bild) erzeugte Feldstärke

$$E(0) = 4\pi\sigma\left(1 - \frac{1}{\sqrt{1+a^2}}\right) = 4\pi\sigma(1-\cos\alpha), \tag{33}$$

daher die Flächendichte $\sigma'(0) = \sigma(1-\cos\alpha)$ und

$$\varepsilon(0) = \frac{E(0)}{E^*} = \frac{2}{a^2}(1-\cos\alpha),$$

wenn wieder

$$E^* = \frac{2Q}{h^2} = 2\pi a^2 \sigma$$

die Feldstärke bezeichnet, welche die im Kreismittelpunkt konzentrierte Gesamtladung im Fußpunkt erzeugen würde.

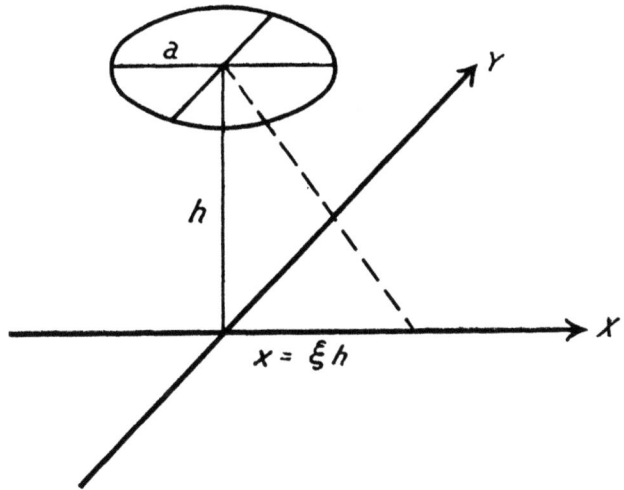

Fig. 13.

Die Feldstärke $E(\xi)$ am Boden in der Entfernung $x = \xi h$ vom Ursprung läßt sich nicht in geschlossener Form darstellen. Als relativ beste Form für numerische Berechnung erscheint der folgende Ausdruck, der mir freundlicherweise von Herrn Prof. A. Huber (Wien) angegeben wurde:

$$E(\xi) = 8\sigma \int_0^a \frac{F(\xi,\rho)\cdot\rho\,d\rho}{[1+(\xi-\rho)^2]\sqrt{1+(\xi+\rho)^2}}. \tag{34}$$

wobei

$$F(\xi,\rho) = E_k = \int_0^{\pi/2} \sqrt{1-k^2\sin^2\psi}\,d\psi$$

das bekannte und tabulierte elliptische Integral bezeichnet und

$$k^2 = \frac{4\xi\rho}{1+(\xi+\rho)^2}$$

zu setzen ist.

Die numerische Quadratur mit endlichen, aber hinreichend kleinen Intervallen $\Delta \rho$ gestaltet sich äußerst langwierig und daher wurde, wie im Abschnitt 12 erwähnt, unter Verzicht auf die axiale Symmetrie die zu integrierbaren Ausdrücken führende Annahme quadratischer Flächen gemacht.

Für bestimmte Fragen, die sich auf die Verhältnisse in der vertikalen Mittelachse beziehen, ist aber die Berechnung bei kreisförmigen Flächen einfacher.

Es seien wieder zwei Kreisflächen vom Radius $a\,h$ in den Höhen $h$ und $k\,h$ ($k>1$) mit den Flächendichten $-\sigma$ und $+\sigma$ gegeben. Die Feldstärke im Ursprung ist:

$$E_0 = 4\pi\sigma\left[\frac{k}{\sqrt{k^2+a^2}} - \frac{1}{\sqrt{1-a^2}}\right]. \tag{35}$$

Bei festen Werten von $k$ und $\sigma$ wächst $E(0)$ mit wachsendem $a$ zunächst an, erreicht ein Maximum für $a = a_{\max}$ und nimmt dann asymptotisch auf Null ab. Bei großer horizontaler Ausdehnung der Gewitterwolke und sonst gleichen Verhältnissen (Höhenlage und Flächendichte) wird also das Bodenfeld schwächer, was ja auch bei den quadratischen Flächen der Fall ist.

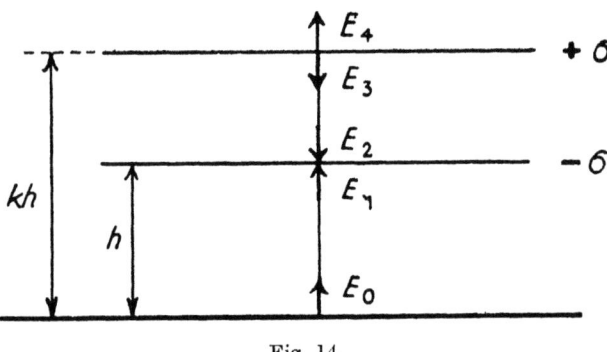

Fig. 14.

Der Wert von $a_{\max}$ ergibt sich aus $\dfrac{\partial E(0)}{\partial a} = 0$ zu

$$a_{\max} = \sqrt{\frac{k^2 - k^{2/3}}{k^{2/3} - 1}} = \sqrt{k^{2/3}(k^{2/3}+1)}, \tag{36}$$

also identisch mit dem Wert $\xi_0$ der Gleichung (6) in Abschnitt 4, der den Radius der Nullisodyname bei zwei Punktladungen darstellt. Die dort gegebenen Zahlen der Tabelle 6 sind daher auch hier gültig.

Besonders mit Rücksicht auf die Methode, den Verlauf der Feldstärke in einer Vertikalen mittels Registriervorrichtungen in Ballonen zu messen (vgl. S. 1), ist es von Interesse, diesen Verlauf für die angenommene schichtenartige Ladungsverteilung theoretisch zu berechnen.

Analog wie im Abschnitt 4 seien mit $E_0 \ldots E_4$ die Feldstärken in der Mittelachse am Boden und zu beiden Seiten der beiden geladenen Flächen bezeichnet (vgl. Fig. 14).

Für einige Kombinationen der Werte von $k$ und $a$ sind diese in den Tabellen 40, 41 und 42 angegeben.

Wieder ist das Feld zwischen den beiden Schichten am stärksten und daher die Zündung von vertikalen Wolkenblitzen nahe der Mittelachse wahrscheinlicher als die von vertikalen Blitzen Wolke—Erde. Am größten ist aber natürlich bei der vorausgesetzten Ladungsverteilung die Feldstärke und Wahrscheinlichkeit einer Blitzzündung an den Rändern der geladenen Schichten, von wo aus dann die Entladung annähernd in der Richtung der Kraftlinien bogenförmig zur Erde oder zur anderen Schicht erfolgen wird. Blitze von der oberen Schichte

Tabelle 40.

| $k = 1{\cdot}5$ | $a = 1$ | $a = 2$ | $a = 3$ | $a = 5$ |
|---|---|---|---|---|
| $+ E_0/4\pi\sigma$ | 0·125 | 0·153 | 0·132 | 0·091 |
| $+ E_1/4\pi\sigma$ | 0·240 | 0·167 | 0·124 | 0·088 |
| $- E_2/4\pi\sigma$ | 0·760 | 0·842 | 0·876 | 0·912 |
| $- E_3/4\pi\sigma$ | 0·766 | 0·853 | 0·884 | 0·916 |
| $+ E_4/4\pi\sigma$ | 0·234 | 0·294 | 0·116 | 0·084 |

Tabelle 42.

| $k = 3$ | $a = 1$ | $a = 2$ | $a = 3$ | $a = 5$ |
|---|---|---|---|---|
| $+ E_0/4\pi\sigma$ | 0·242 | 0·385 | 0·391 | 0·318 |
| $+ E_1/4\pi\sigma$ | 0·485 | 0·447 | 0·400 | 0·302 |
| $- E_2/4\pi\sigma$ | 0·515 | 0·553 | 0·600 | 0·688 |
| $- E_3/4\pi\sigma$ | 0·545 | 0·619 | 0·676 | 0·743 |
| $+ E_4/4\pi\sigma$ | 0·439 | 0·381 | 0·324 | 0·257 |

Tabelle 41.

| $k = 2$ | $a = 1$ | $a = 2$ | $a = 3$ | $a = 4$ | $a = 5$ | $a = 10$ |
|---|---|---|---|---|---|---|
| $+ E_0/4\pi\sigma$ | 0·187 | 0·260 | 0·239 | 0·204 | 0·175 | 0·096 |
| $+ E_1/4\pi\sigma$ | 0·381 | 0·286 | 0·234 | 0·198 | 0·170 | 0·096 |
| $- E_2/4\pi\sigma$ | 0·619 | 0·714 | 0·766 | 0·802 | 0·830 | 0·904 |
| $- E_3/4\pi\sigma$ | 0·636 | 0·745 | 0·796 | 0·825 | 0·846 | 0·908 |
| $+ E_4/4\pi\sigma$ | 0·364 | 0·264 | 0·204 | 0·175 | 0·154 | 0·092 |

aufwärts sind wegen der geringen Feldstärke unwahrscheinlich, solange nicht der in Abschnitt 8 besprochene Einfluß der besser leitenden hohen Atmosphärenschichten sich geltend macht.

### 18. Unendlich lange Linien (Zylinder).

In der Höhe $h$ erstrecke sich parallel zur $Y$-Achse eine unendlich lange Linie, die je Längeneinheit die Ladung $-\mu$ trage. Das von ihr und ihrem elektrischen Bild erzeugte Feld am Boden ist dann nur eine Funktion von $x$, bzw. von $\xi = \dfrac{x}{h}$, und zwar:

$$E(x) = \frac{4\mu}{h}\left(1 + \frac{x^2}{h^2}\right)^{-1} \text{ oder } E(\xi) = E^*(1+\xi^2)^{-1}. \tag{37}$$

Bei homogener Verteilung der Ladung in einem Zylinder kann außerhalb des Zylinders das Feld durch das einer in der Zylinderachse verlaufenden Linie ersetzt werden.

Befindet sich vertikal über dieser Linie in der Höhe $kh$ eine zweite mit der Dichte $+\mu$, so ist das resultierende Feld

$$\varepsilon(\xi) = \frac{E(\xi)}{E^*} = (1+\xi^2)^{-1} - \frac{1}{k}\left(1 + \frac{\xi^2}{k^2}\right)^{-1}. \tag{38}$$

Diese hier angenommene Ladungsverteilung entspricht in grob schematischer Weise derjenigen, die bei einem weit ausgedehnten Frontgewitter zu erwarten ist. Es ergibt sich in Analogie mit den in Abschnitt 4 besprochenen Fällen, daß beiderseits der $Y$-Achse ein Streifen positiver Feldstärke vorhanden ist, durch zwei der $Y$-Achse parallele Isodyname $\varepsilon = 0$, in der Entfernung $\pm \xi_0$ getrennt vom äußeren negativen Gebiet, in dem der Absolutbetrag der Feldstärke ansteigt bis zu einem Maximalwert bei $\xi = \xi_{\max}$ und dann asymptotisch auf Null absinkt. Es ergibt sich:

$$\xi_0 = \sqrt{k};\ \xi_{\max} = \sqrt{\frac{k^2 - \sqrt{k}}{\sqrt{k}-1}}. \tag{39}$$

Numerische Beispiele der Feldverteilung für $k = 1{\cdot}5$, 2, 3 und 4 enthält die Tabelle 43.

Tabelle 43.

| $\xi$ | $\varepsilon(\xi)$ | | | | $\xi$ | $\varepsilon(\xi)$ | | | |
|---|---|---|---|---|---|---|---|---|---|
|  | $k = 1.5$ | 2 | 3 | 4 |  | $k = 1.5$ | 2 | 3 | 4 |
| 0 | + 0.3333 | + 0.5000 | + 0.6667 | + 0.7500 | 3 | — 0.0333 | — 0.5380 | — 0.0667 | — 0.0600 |
| 0.25 | 0.2926 | 0.4489 | 0.6102 | 0.6922 | 4 | 0.0234 | 0.0412 | 0.0612 | 0.0662 |
| 0.33 | 0.2647 | 0.4135 | 0.5707 | 0.6517 | 5 | 0.0165 | 0.0305 | 0.0497 | 0.0591 |
| 0.5 | 0.2000 | 0.3294 | 0.4757 | 0.5538 | 6 | 0.0122 | 0.0230 | 0.0397 | 0.0499 |
| 0.67 | 0.1356 | 0.2432 | 0.3746 | 0.4491 | 7 | 0.0092 | 0.0177 | 0.0317 | 0.0415 |
| 0.75 | 0.1067 | 0.2133 | 0.3263 | 0.3985 | 8 | 0.0072 | 0.0140 | 0.0257 | 0.0346 |
| 1 | + 0.0385 | + 0.1000 | 0.2000 | 0.2647 | 9 | 0.0058 | 0.0113 | 0.0211 | 0.0290 |
| 1.5 | — 0.0256 | — 0.0123 | + 0.0410 | + 0.0943 | 10 | 0.0048 | 0.0093 | 0.0176 | 0.0246 |
| 2 | 0.0400 | 0.0500 | — 0.0308 | 0.0000 | 20 | 0.0012 | 0.0025 | 0.0048 | 0.0071 |
| 2.5 | 0.0386 | 0.0572 | 0.0588 | — 0.0419 |  |  |  |  |  |

Im Vergleich zum Feld punktförmiger Ladungen zeigt sich hier, daß die Größe $\xi_0$ etwas kleiner ist, ferner, daß das negative Maximum hier die Größenordnung $1/10$ des positiven Maximums (statt $1/100$ wie dort) erreicht und daß bei gleichem $E^*$ das negative Feld in beträchtlich größerer Entfernung merklich, d. i. dem normalen Schönwetterfeld vergleichbar bleibt.

Sind die beiden Ladungen ungleich (—μ für die untere, +βμ für die obere Ladung), so ist

$$\xi_0 = \sqrt{\frac{k^2 - k\beta}{k\beta - 1}}. \quad (40)$$

Für $\beta \geqq k$ verschwindet das mittlere positive Feld.

Für $\beta \leqq \dfrac{1}{k}$ verschwindet das äußere negative Feld.

Sind die beiden Ladungen gleich, aber nicht vertikal übereinander, sondern ist die obere Ladung um $\delta h$ gegen die untere in der Richtung der positiven $X$-Achse verschoben, so ist

$$\varepsilon(\xi) = (1 + \xi^2)^{-1} - \frac{1}{k}\left(1 - \left[\frac{\xi - \delta}{k}\right]^2\right)^{-1}. \quad (41)$$

Zwei numerische Beispiele geben die Tabellen 44 und 45.

Tabelle 44.

| $k = 2; \delta = 1$ | | | |
|---|---|---|---|
| $\xi$ | $\varepsilon(\xi)$ | $\xi$ | $\varepsilon(\xi)$ |
| + 0 | + 0.6000 | — 0 | + 0.6000 |
| $1/3$ | 0.4500 | — | — |
| 0.5 | 0.3294 | — 0.5 | 0.4800 |
| $2/3$ | 0.2058 | — | — |
| 0.75 | + 0.1477 | — | — |
| 1 | 0 | — 1 | 0.2500 |
| 2 | — 0.1629 | — 1.5 | 0.1126 |
| 2 | 0.2000 | — 2 | + 0.0462 |
| 3 | 0.1500 | — 3 | 0 |
| 4 | 0.0950 | — 4 | — 0.0102 |
| 5 | 0.0615 | — 5 | 0.0115 |
| 6 | 0.0420 | — 6 | 0.0247 |

Tabelle 45.

| $k = 3; \delta = 1$ | | | |
|---|---|---|---|
| $\xi$ | $\varepsilon(\xi)$ | $\xi$ | $\varepsilon(\xi)$ |
| + 0 | + 0.7000 | — 0 | + 0.7000 |
| 0.5 | 0.4757 | — 0.5 | 0.5333 |
| 1 | + 0.1667 | — 1 | 0.2629 |
| 1.5 | — 0.0166 | — 1.5 | 0.1110 |
| 2 | 0.1000 | — 2 | + 0.0333 |
| 2.5 | 0.1288 | — 2.5 | — |
| 3 | 0.1308 | — 3 | — 0.0200 |
| 4 | 0.1079 | — 4 | 0.0296 |
| 5 | 0.0815 | — 5 | 0.0282 |
| 6 | 0.0612 | — 6 | 0.0247 |
| 7 | 0.0467 | — 7 | 0.0211 |

### 19. Drei Punktladungen vertikal übereinander.

Mit Rücksicht auf die von Simpson und Scrase mit Registrierballonen erhaltenen Ergebnisse, wonach häufig drei übereinanderliegende Wolkenpartien gefunden wurden, bei denen die unterste und oberste das gleiche, die mittlere das entgegengesetzte Vorzeichen der Ladung besaßen, seien noch einige Fälle dieser Art durch numerische Beispiele veranschaulicht, deren Berechnung nach den im Abschnitt 4 besprochenen Formeln erfolgt.

Bei gleichem Gesamtbetrag $Q$ der polaren Ladung sei diese in verschiedener Weise über die unterste und oberste Wolkenpartie verteilt. Wie die Beispiele der Tabelle 46 zeigen, ist in manchen Fällen analog wie bei zwei übereinanderliegenden Ladungen das innere positive kreisförmige Gebiet von einem negativen äußeren umgeben, in anderen Fällen (Kolumne 7 der Tabelle) folgt aber auf das ringförmige negative Gebiet weiter außen nochmals ein positives.

Tabelle 46.

| | | | | | | | |
|---|---|---|---|---|---|---|---|
| $h = 3$: | $-0.5\,Q$ | $-{}^2/_3\,Q$ | $-{}^1/_3\,Q$ | $h = 3$: | $-0.5\,Q$ | $-{}^2/_3\,Q$ | $-{}^1/_3\,Q$ |
| $h = 2$: | $+Q$ | $+Q$ | $+Q$ | $h = 2$: | $+Q$ | $+Q$ | $+Q$ |
| $h = 1$: | $-0.5\,Q$ | $-{}^1/_3\,Q$ | $-{}^2/_3\,Q$ | $h = 1$; | $-0.5\,Q$ | $-{}^1/_3\,Q$ | $-{}^2/_3\,Q$ |
| $\xi$ | $\varepsilon(\xi)$ | $\varepsilon(\xi)$ | $\varepsilon(\xi)$ | $\xi$ | $\varepsilon(\xi)$ | $\varepsilon(\xi)$ | $\varepsilon(\xi)$ |
| 0 | $+\,0.3056$ | $+\,0.1574$ | $+\,0.4537$ | 2.4 | $-\,0.0107$ | $-\,0.0114$ | $-\,0.0099$ |
| 0.3 | 0.2478 | 0.1241 | 0.3805 | 3.0 | 0.0072 | 0.0059 | 0.0085 |
| 0.6 | 0.1480 | 0.0603 | 0.2356 | 3.6 | 0.0043 | 0.0027 | 0.0061 |
| 0.9 | 0.0645 | $+\,0.0124$ | 0.1167 | 4.8 | 0.0016 | $-\,0.0004$ | 0.0030 |
| 1.2 | $+\,0.0180$ | $-\,0.0109$ | 0.0461 | 5.4 | 0.0011 | $+\,0.0001$ | 0.0022 |
| 1.5 | $-\,0.0024$ | 0.0181 | $+\,0.0123$ | 6.0 | 0.0007 | 0.0006 | 0.0016 |
| 1.8 | 0.0104 | 0.0178 | $-\,0.0030$ | 9.0 | 0.0001 | 0.0007 | 0.0005 |
| 2.1 | 0.0115 | 0.0137 | 0.0091 | 12.0 | $0.0000_4$ | 0.0004 | 0.0002 |

Tafel I

Von oben nach unten: $f(\xi)$, $\Phi_3$, $\Phi_2$, $\Phi_{1\cdot 5}$ und $\Phi_{1\cdot 25}$

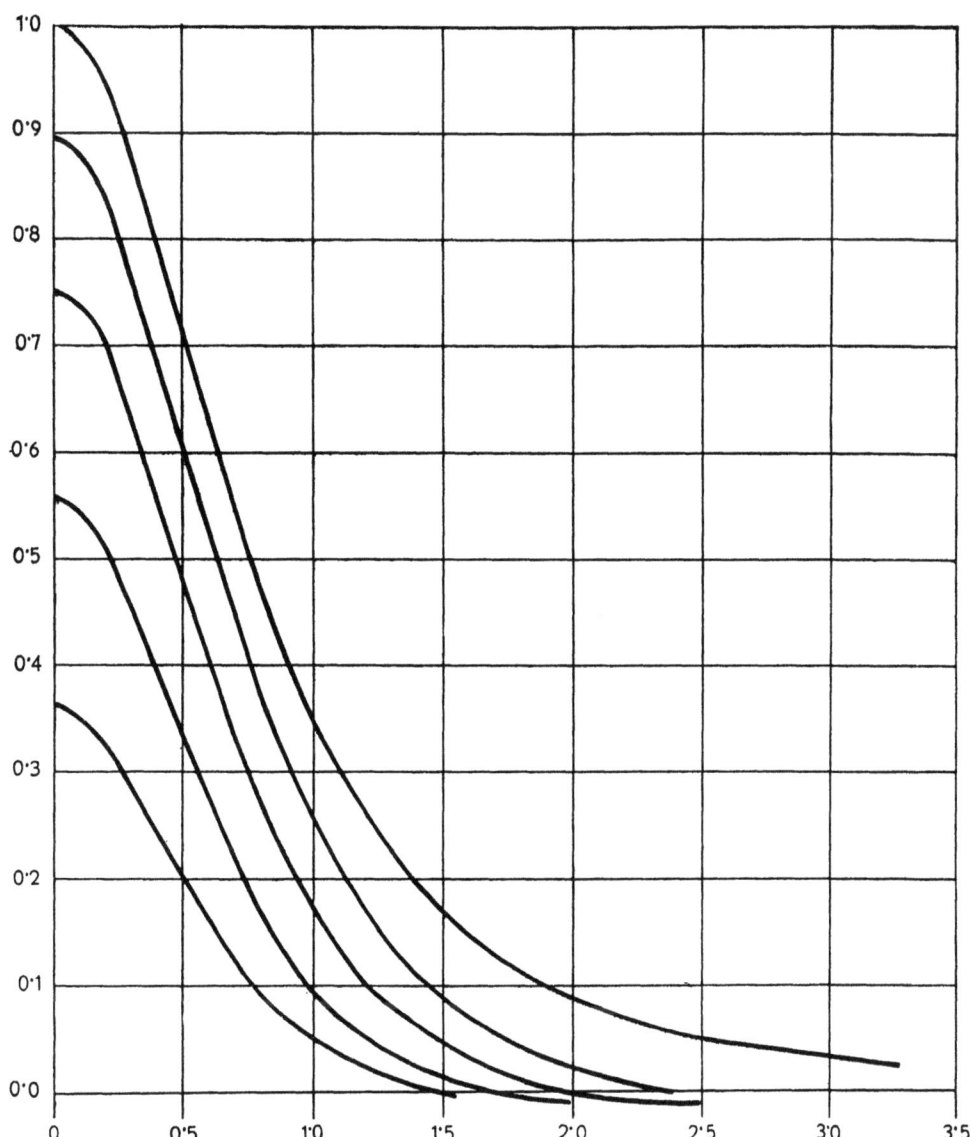

### Tafel II

(Von links nach rechts) $\Phi_{1\cdot 5}$, $\Phi_2$, $\Phi_3$ und $\Phi_4$ im negativen Gebiet.

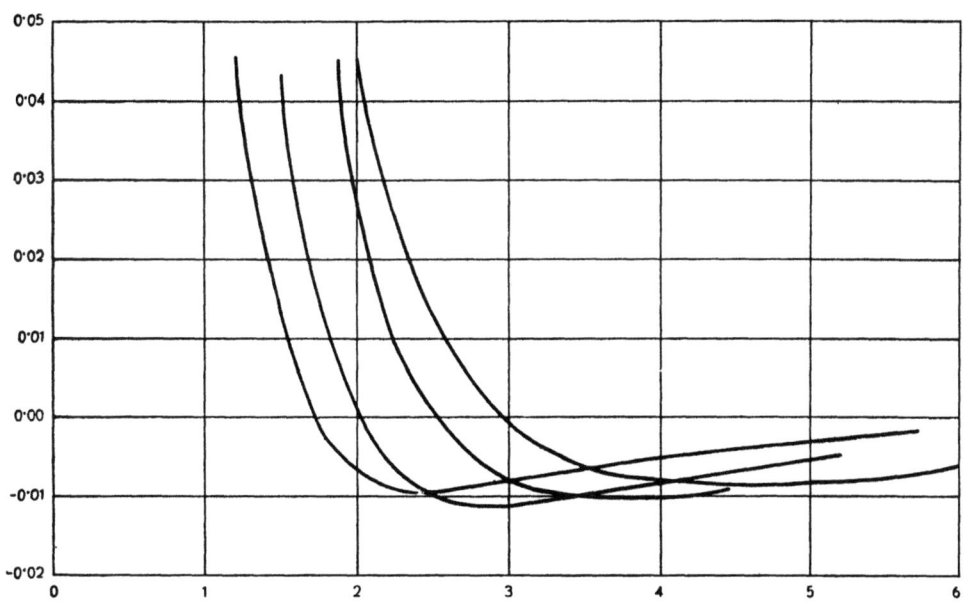

### Tafel III

[$A = f(\xi)$, $B = \mathfrak{s}(\xi)$ für $a = 2$, $C = \mathfrak{s}(\xi)$ für $a = {}^1/_3$; $A' = 10\,A$, $B' = 10\,B$, $C' = 10\,C$]

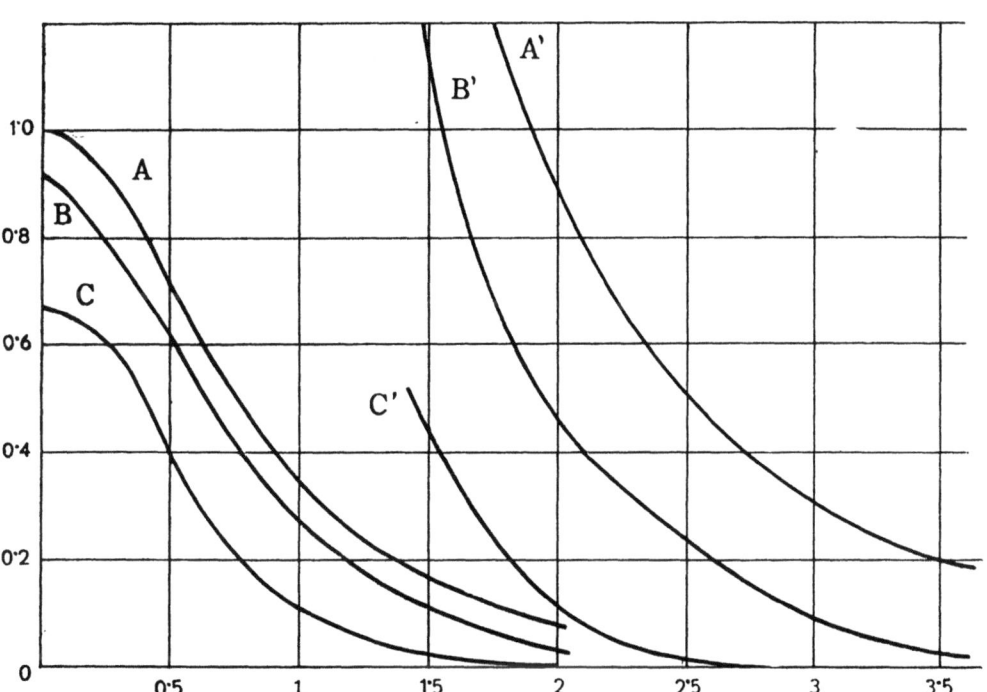

Tafel IV

σ′ (ξ)/σ für (von unten nach oben) $s = 0{\cdot}5, 1, 2, 3, 4, 5, 10$.

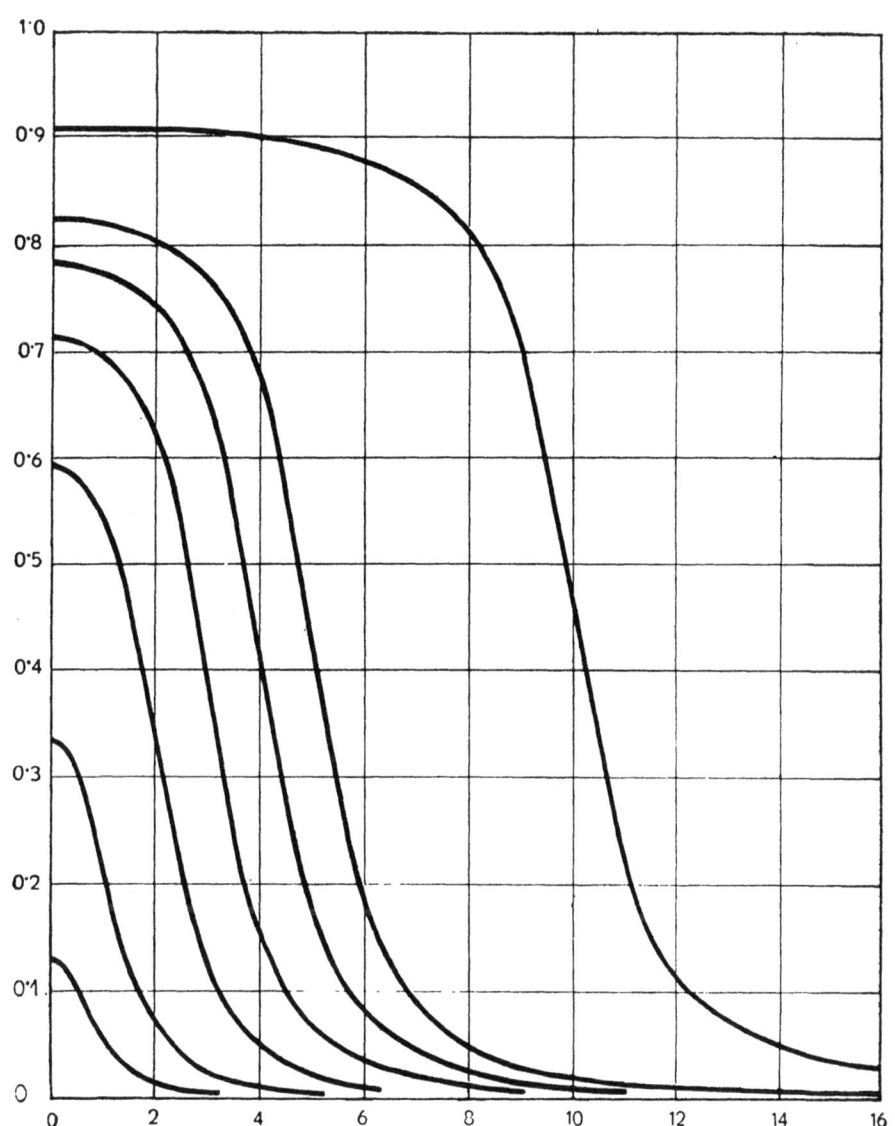

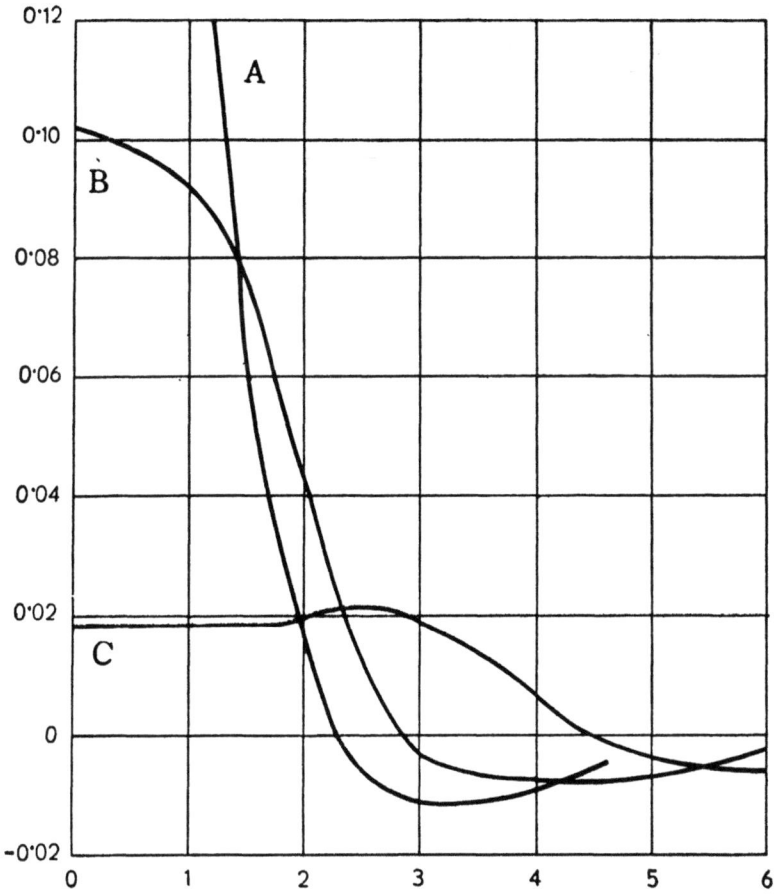

Tafel V
A: $\varepsilon(\xi)$ für $s=1$, $k=2$
B: $\varepsilon(\xi)$ für $s=2$, $k=2$
C: $\varepsilon(\xi)$ für $s=4$, $k=2$

Tafel VI
$10^3 \cdot \varepsilon(\xi)$ für $s=10$, $k=2$

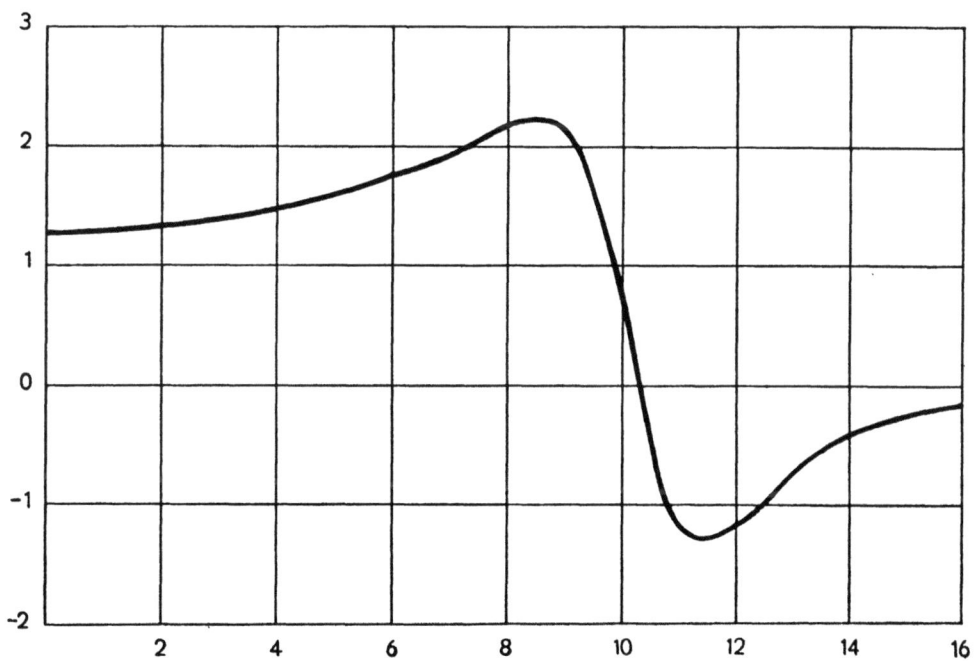

MIX
Papier aus verantwortungsvollen Quellen
Paper from responsible sources
FSC® C105338

If you have any concerns about our products,
you can contact us on
**ProductSafety@springernature.com**

In case Publisher is established outside the EU,
the EU authorized representative is:
**Springer Nature Customer Service Center GmbH
Europaplatz 3, 69115 Heidelberg, Germany**

Printed by Libri Plureos GmbH
in Hamburg, Germany